RECRUITMENT IN

面試時別問對方的失敗經驗！

AND

招募面談技巧與行為事例面談法（BEI）

BEHAVIORAL EVENT INTERVIEWING

張瑞明 ———— 著

目錄

自序 4

CHAPTER 1 招募適用人才 9

1-1 知人善任的能力 10

1-2 招募管道與整合 15

1-3 建立雇主品牌 29

1-4 衡量招募績效 34

CHAPTER 2 選才的原則與方式 39

2-1 選才是選最適合的人才 40

2-2 動手寫簡要工作說明書 48

2-3 甄選流程與面談方式 52

2-4 面談的偏誤與對策 57

CHAPTER 3 設計「找對人」的面談題目 65

3-1 行為事例面談題目設計 66

3-2 行為事例面談實作演練 75

3-3 專業知能面談題目設計 80

3-4 行為事例面談題目整合 89

CHAPTER 4 **展開面談的應用技巧** 97
4-1 展開行為事例面談 98
4-2 面談前的準備工作 108
4-3 面談中的探詢技巧 113
4-4 面談中的察言觀色 117

CHAPTER 5 **面談後的徵信調查** 123
5-1 徵信調查的照會步驟 124
5-2 徵信調查的查證內容 128
5-3 徵信調查的照會技巧 131
5-4 徵信調查的後續處理 137

總結 140

參考資料 142

自序

「請神容易送神難，選錯人比沒有人用還麻煩。」

企業在招募甄選的過程中，往往因為招募面談的效度不夠而選錯人，新進員工報到之後，不能勝任工作或不能適應環境，最後不得不辭退。如此企業不但浪費招募、甄選、雇用與導入的成本，還要付出驚人的成本去善後，例如：生產力的損失、訓練的費用、士氣降低，甚至於影響公司獲利以及企業形象，不僅耽誤企業本身的營運進度，也影響了新進員工的職涯發展，兩敗俱傷。

選才，就是去比對「應徵者能力供給」與「職缺能力需求」的契合度。當今現行效度最高的招募面談方法，就是「行為事例面談法」(Behavioral Event Interview 簡稱 BEI)，效度約在 0.5 左右，而一般面談效度甚至不到 0.1。行為事例面談是根據應徵者過去親身做過或經歷、成就過的具體行為事例，深入探詢應徵者的行為模式、系統結構、心智模型，判斷應徵者是否具備執行工作職責所需的管理職能 / 核心職能，預測其未來是否能夠職能到位(行為面向績效)與目標達成(結果面向績效)。

本書探討下列課題：

1. **「招募適用人才」**：在招募管道與活動中，如何運用線上線下整合招募策略？如何從線上招募管道觸及的被動 / 潛在求職者，邀請參加線下公司實體活動，終於願意參加面試？如何對線下招募管道觸及的應徵者，提供線上管道，增強應徵者對公司的瞭解與認同？如何建立吸引人才的雇主品牌，以及衡量招募績效的指標？

2. **「選才是選最適合的人才」**：根據職能冰山模型，選最適合的人應該如何解讀？面談題目種類為何？如何根據職缺建立簡要工作說明書？

3. **「動手寫簡要工作說明書」**：確認職位的五項工作職責，根據工作職責決定職位所需要的學歷與經歷，根據職位所需要的學歷與經歷決定新進員工起薪。

4. **「甄選流程與面談方式」**：深化面談流程與步驟為何？根據面談內容，舉辦方式方式為何？面談的方法有哪幾種？

5. **「面談的偏誤與對策」**：面談常見的十項偏誤為何？避免面談偏誤的對策為何？

6. **「行為事例面談題目設計」**：如何根據職能冰山模型，解讀軟性技能與態度？職能基準所須之軟性技能、態度字典為何？如何根據工作職責以及職能字典選擇職位所需要的軟性技能、態度？行為事例面談法原理為何？如何運用「行為事例面談法」確認應徵者的行為模式、系統結構、心智模型？如何運用「行為事例面談法」確認應徵者未來是否能夠職能到位（行為面向績效）與目標達成（結果面向績效）？

7. **「專業知能面談題目設計」**：何為專業知能面談題的五種題目型態？模式題目、工作知識題目、模擬題目、情境題目、行為事例題目是什麼？如何運用專業知能面談題目？

8. **「展開行為事例面談題目」**：為何行為事例面談題目必須向下展開？面談題目如何水平與垂直展開？面談題目如何漏斗式層層切入？

9. **「面談前的準備工作」**：面試官的準備工作為何？面談題目如何安排？面談時間如何安排？

10. **「面談中的探詢技巧」**：面談中的開場、發問、傾聽與技巧為何？如何鼓勵發問？面談中的行銷技巧為何？

11. **「面談中的察言觀色」**：面談中如何觀察健康、服裝、儀容、言談和舉止？「氣質」與「長相」有何不同？如何觀察肢體語言和臉部表情，以及辨別正能量 vs. 負能量？

12. **「面談後的徵信調查」**：徵信調查的照會內容、照會對象照會技巧為何？如何判讀徵信調查報告與後續處理？

本書的內容，對無招募甄選經驗者而言是入門課程，對有招募甄選經驗者而言是深度課程。目標客群是負責招募甄選的用人單位主管與協作人員，以及負責招募甄選的人力資源主管與承辦人員。

這本工具書來自作者擔任人力資源管理顧問與講師二十多年的實戰經驗，以及歷年來開設人力資源管理「招募甄選系列」課程所累積的心得與實例，集結出版成書，兼具理論與實務、知識與技能；架構與細節並重；廣度與深度兼顧；現代與古典接續，適合負責招募甄選的人力資源部門人員，以及負責招募甄選的用人單位主管閱讀與應用，更可用來搭配其他人力資源管理課程與書籍，進行系統性學習。

期望目標客群閱讀之後，有足夠的能力擬定線上線下整合招募、提出招募甄選的對策、規劃招募甄選的計畫、設計行為事例面談題目和專業知能面談題目、籌備面談前的準備工作、熟練面談中的探詢技巧、洞察面談中的察言觀色、完善面談後的徵信調查，能夠為企業找到適才適所的人選。

聚芳管理顧問有限公司執行長 張○明

CHAPTER 1

招募適用人才

1-1 知人善任的能力

1-2 招募管道與整合

1-3 建立雇主品牌

1-4 衡量招募績效

1

知人善任的能力

「招募甄選」是人力資源管理當中的一個關鍵環節，包含了招募（recruitment）和甄選（selection）兩個階段。我撰寫這本書的目的在於，為負責招募甄選的人力資源主管、承辦人員，以及用人單位主管、協作人員，提供招募與甄選人才的基本觀念與應用的實戰手冊。

選才，要選什麼樣的人才？

實際上，選才不是選最優秀的人才，而是最適合的人才。有經驗的人力資源管理工作者，或許都會同意這樣的觀點，最優秀、頂尖的求職者，未必符合我們目標職位所需的特質。選才的目標是「知人善任」，當我們具備識別人才的能力，並能依據其專長而加以任用，使其發揮所長，才能達到「適才適用」的目標。換句話說，最契合職位需求的人，才是「對」的人才，在競爭快速的職場環境中，你我都需要具備「選對人才的能力」。

但是，人海茫茫，又該如何去找到適用的人才呢？

這就是人力資源管理中招募甄選的精髓所在。

當你掌握正確的「招募甄選」觀念、方法與實作，就能知道如何用對的方法，讓對的人才進來，創造正向的人力資源循環。而第一步就是學習如何「招募」，吸引與主動尋找人才，然後進行「甄選」，挑選出最合適的人才。一開始選對人，效能遠勝過事後的百般加強訓練。若用到不合適的人才，不僅耽誤彼此的寶貴時間，也是公司資源的一大損失，我曾經整理過相關數據研究，長期下來損失不可小覷。

完善的招募甄選流程，不僅能讓求職者在過程感受到專業與尊重，提升公司的雇主品牌與良好評價，適才適所的招募甄選，更能有效降低離職率，留住好員工，讓人才源源不絕進來，為公司創造更多正面價值與效益！

小練習

在開始閱讀本書之前，讓我們測試一下你的「招募力」！請閱讀下列觀念題目後，正確的請打√。

☐ 1. 招募職缺時，HR 的任務是整理歸納履歷表，但最佳作法能事由主管親自審閱，挑選出想招募的人才。

☐ 2. 因為主管很忙，HR 務必要參加每一場面談，即便是最一般的職缺也不例外。

□ 3. 面談時應請應徵者自我介紹，並從自我介紹的內容繼續往下展開詢問，讓應徵者暢所欲言，說他自己想說的，而非面試官想問的。

□ 4. HR 的專業並非設計面談中的專業知識題目，而是準備好工作說明書、工作職責與內涵，並找出對應的職能，協助主管設計更好的面談題目。

□ 5. 小組面談相較於一對一面談，優點是節省時間、避免重複詢問相同問題，且面試官之間可分工合作、互相支援，使選才的決策衡量更周延。

正確答案分別是：1、4、5 題。你答對了幾題？若有題目和與你原本既定觀念不同，那恭喜你，因為這代表你即將展開一趟顛覆既有觀念，收穫豐盛的旅程。

學習核心目標

本書的學習核心目標，是希望讓讀者建立對於「招募甄選」的基本認識與應用實作，並能夠根據現有職位需求，規劃出一個完善的招募計畫，並能夠在面試中實際運用到關鍵的面談技術，稱為「行為事例面談法」（Behavioral Event Interviewing，簡稱BEI），能夠大幅提升面談的效度與信度，讓你從茫茫人海中用最少的力氣，找到最適合的人才。

第一階段

招募 Recriutment

招募者事前做好人力盤點、提出選才策略、
整合並優化線上線下招募管道與活動，
長期目標為建立人才資料庫。

第二階段

甄選 Selection

根據選才需求，設計出有效的「行為事例面談」和
「專業知能面談」的題庫。著手面談前的準備
工作、應用面談中的探詢與觀察技巧。

第三階段

徵信調查 Reference Check

面談結束後，對應徵者進行徵信調查，
查核應徵者資歷，為任用人才作最終確認。

本書中設計了共五個章節的課程內容、範例說明與練習單元。只要按表操課，跟著書中步驟學習，一步一步完成階段目標，閱讀完本書後，你將擁有招募的核心技能，完成甄選目標。

讓我們一起找到「對的人才」吧！

2

招募管道與整合

作為 HR 部門的招募人員，若今日你有一份工作任務，是要為公司策劃人才招募活動。考慮到數位時代的多元招募方法和管道，你會如何展開這項工作呢？

首先，我們將進行一項全面盤點，瞭解目前主流的招募活動形式，包含了線上招募、線下招募和傳統管道，見圖表 1-1、1-2、1-3 所示。這三者各有不同特性和優勢，本章將逐一分析常見的招募管道和策略，讓讀者根據公司的需求和特性，制定出最符合需要的招募活動方案。

線上招募／網路平台

- 多元、更快、更遠的擴散廣度
- 受年輕族群歡迎，數據可量化。

圖表 1–1

招募管道	說明	運用時機	遞補時間	招募品質	招募成本
公司官網	網站職缺公告	常年	中長	中	極低
人力銀行	104、1111、518、yes123	常年	短中	中高	中

招募管道	說明	運用時機	遞補時間	招募品質	招募成本
招募平台	台灣就業通、CakeResume、Yourator、各縣市人力網站、Indeed	常年	中	中高	低
社群網站	Facebook、Instagram、LinkedIn、LINE、Twitter、微信	常年	中	中高	低
影音網站	YouTube、TikTok、Podcast 等	常年	中	中高	低
網路廣告	關鍵字廣告、社群廣告、聯播網廣告、影音廣告	適時	短	高	高
網路論壇	Dcard、PTT、各大專業論壇	常年	中	中高	低

線下招募／實體活動

- ✔ 主打面對面服務
- ✔ 較容易傳遞雇主品牌。
- ✔ 可針對特定目標求職者

圖表 1–2

招募管道	說明	運用時機	遞補時間	招募品質	招募成本
校園徵才	著名大學每年舉辦校園徵才博覽會，有些企業每年參加 5 到 10 場的校園徵才博覽會。	3–4 月	長	中高	中
校園實習計畫	針對在校生開出有薪的「校園實習計畫」，表現好者轉正職。	定時	中長	高	中高
員工介紹	利用內部職缺公告，鼓勵員工介紹外部適合人選。針對關鍵職缺，提供介紹獎金。	適時	短	高	低

招募管道	說明	運用時機	遞補時間	招募品質	招募成本
員工回任	鼓勵直接主管與績優的離職員工保持聯繫，伺機邀請返回工作崗位。	適時	短	高	低
HR 扮演獵頭角色	搭配員工介紹或員工回任，取得職缺的適合人才名單，HR 扮演獵頭角色，直接挖角。	適時	短中	高	低
獵頭公司	104、Adecco、Michael Page、Manpower 等。	適時	短	高	極高
派遣公司	萬豐、享青等	隨時	短	中高	中高
招募會 / 就業博覽會	有些企業一年舉辦一兩場大型招募會，或是參加政府舉辦的就業博覽會。	適時	中長	低中	中

傳統管道

- ✔ 適合招募基層員工
- ✔ 廣泛覆蓋特定地區

圖表 1–3

招募管道	說明	運用時機	遞補時間	招募品質	招募成本
報紙廣告	報紙刊登徵才廣告	適時	長	低中	中
門市告示	門市張貼徵才告示	適時	長	低中	低
戶外廣告	電子看板、戶外大型看板、馬路分隔島的羅馬旗幟、計程車 / 公車 / 捷運的徵才廣告等	適時	長	中	極高

線上、線下與傳統的招募管道各有優缺點：線上招募成本較低，符合當今的數位化趨勢，提供了廣泛的曝光機會，能迅速傳播、吸引大量求職者。透過這些平台，HR 可以藉機利用社群媒體行銷，提升公司品牌知名度。線下招募管道，也同樣有合適的使用策略，例如獵頭公司成本雖然較高，但適合用來找金字塔頂端的高階人才；派遣公司則適合用來尋找基層、短時間急需或短期的派遣工。隨著時代演變，許多招募管道如就業博覽會，效率不高。線下招募的優點是強調直接面對面的互動，可讓企業與求職者建立更深層次、更有溫度的聯繫。

至於如今較為少見的傳統管道，如報紙廣告、門市張貼實體廣告，雖然在數位時代逐漸式微，仍然擁有某些無法取代的優勢，例如適合基層職位，能直接觸及特定地區，對具有特定地域性要求的基層職位非常有效。

HR 必須因應市場變化和求職者價值取向的趨勢，對公司現行的招募管道，加以評估、整合和優化，確保招募活動達成最佳效果。

小練習

請列出三項你的公司最常用的招募管道？選擇的原因為何？請寫下並分析優點與缺點。

O2O 虛實整合招募法

百花齊放的招募管道中，數位化已然成為主流趨勢，網路平台招募人才已經成為常態。然而，在多元的招募管道中，線下招募活動仍然扮演著不可或缺的重要角色，將線上（online）和線下（off-line）的活動相互搭配，虛擬與實體整合，方能達到最佳的招募成效。

想像一下，HR 招募人員就像是經營一家電商的經理，我們要行銷的商品就是各種工作職缺，目標是吸引更多上門目標客群，也就是所有潛在的、合適這份職位的求職者。行銷一份職缺的手法，就如同電商營運的「O2O」電子商務模式（Online to Offline，簡稱 O2O），中文稱為「線上線下」或「虛實整合」，見圖表 1-3。O2O 的行銷策略是透過數位行銷，將線上消費者導流至線下，讓他們到實體通路體驗產品與服務。透過線上線下管道的虛實整合，最大程度地去接觸不同客群，提高產品曝光度，打造出多元的招募環境，滿足不同求職者的需求。

圖表 1-4　O2O 模式線上線下虛實整合

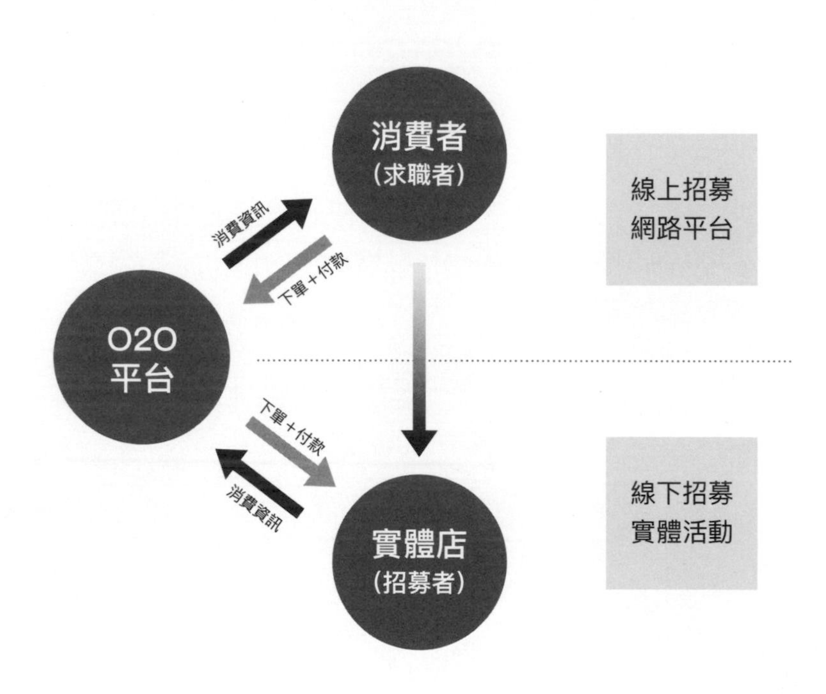

	online ⟷ Offline
電商平台	線上店面、線上通路 ⟷ 實體店面、實體通路
人資招募	線上招募、線上平台 ⟷ 線下招募、實體活動

數位時代，若要成功銷售產品，「線下」的實體店面和通路以及「線上」的網路行銷、線上商店，兩者皆不可或缺。線上管道則能吸引大量年輕族群消費者，可統計、分析與追蹤消費者，換成招募，就是潛在求職者的樣貌（profiles）。而線下管道則是主打面對面服務，能將品牌形象與價值深入人心，從招募的角度來說，就是去傳遞和行銷「雇主品牌」（Employer Brand）。

總結而言，一個好的招募活動，必須要線上線下、虛實整合，才能相得益彰，發揮最大效益。

線上線下整合

在招募活動中，實體與虛擬的結合是一門藝術。招募管道整合方式有兩個方向，一是從線上的招募管道延伸到線下實體活動，這種策略的運用，舉例來說，從線上的公司官網、人力銀行、招募平台、社群影音網站、網路廣告與論壇等管道，去觸及眾多的「被動求職者」或「潛在求職者」。經過 HR 篩選屬意人選後，設計一套符合目標客群的線下活動。

例如，公司主動邀請這些潛在求職者實際來公司一趟，體驗公司的實境，藉此推廣公司品牌與雇主品牌。這種策略的目的是讓潛在求職者親身感受並體驗企業文化，進而提升他們對公司的認同感，進而增加日後應徵的意願。

◎從線上延伸的線下招募管道（Online to Offline Recruitment）

- **邀請參觀**：主動邀請參觀公司、工廠或門市，提供全方位的內容與體驗，讓潛在求職者更了解公司的產品或服務，感受公司的工作環境和文化，好的體驗能夠強化前在求職者對公司的興趣。
- **舉辦活動**：活動由公司高層主管報告公司的願景、使命、策略與競爭優勢，行銷業務主管報告公司品牌與產品品牌，人力資源人員則負責報告雇主品牌。這樣的活動不僅能夠展現公司的核心價值，也提供了潛在求職者與公司方深入交流的機會。
- **舉辦講座**：邀請校園學生組成參觀團體，由公司的校友分享實際職場體驗，或者由在職員工進行座談。讓潛在求職者更深入地了解公司環境，透過真實案例感受公司文化。

★★ 關鍵學習 ★★

和泰汽車 TOYOTA WAY

菁英研習營

和泰汽車的菁英研習營，是一個虛實整合的極佳案例。菁英研習營設計了兩日課程及現地參訪，分享經營管理、品牌經營實務案例、企劃工作術，以及實際參訪營業據點、顧客服務等體驗，且全程免費。和泰汽車透過網路宣傳報名，吸引對企業管理有興趣的大學生，報名網頁也有往年菁英研習營的影片精華剪輯。

舉辦研習營雖成本較高，但透過招待潛力求職者前來公司學習體驗，活動本身蓬勃了企業的品牌形象，找人才打造雇主品牌，一網打盡。

◎從線下延伸的線上招募管道（Offline to Online Recruitment）

在校園徵才、校園實習計畫、或招募會／就業博覽會等實體活動中，不僅是一場與求職者面對面的機會，也是線上招募管道的連結點，這種整合方式能夠使招募活動的效益得以加倍。

HR 可以在實體招募中，巧妙運用科技，提供網路連結或邀請求職者用手機掃 QR code，讓他們輕鬆登入公司官網、人力銀行或社群影音平台。不妨設計小活動、遊戲或贈品，來鼓勵參觀者踴躍參與。

求職者透過觀看公司製作的影片、照片、圖表和文字等多元資訊，能形成對公司的全方位印象，深入地了解公司的文化、價值觀，以及工作環境，進一步加深對企業的理解和認同。不僅傳達公司品牌和產品品牌，更是向求職者展現「雇主品牌」的絕佳途徑。

雇主品牌代表公司在求職者心中的形象，包括工作氛圍、員工福利、職涯發展等因素，對吸引優秀的人才至關重要。在下一節，我們會深入探討雇主品牌的重要性。

直面求職者的 D2C 招募法

圖表 1–5　D2C（direct to customer）招募模式

招募流程的一個重要指標，在於是否有達成 D2C（direct to customer）招募模式。也就是招募方直接和潛在求職者面對面，不透過第三方平台介入。D2C 招募法的主要優勢在於，由公司人資部門或部門員工直接與求職者互動，整合招募數據，進而建立完整的人才後台資料庫。這種做法使公司能更有效地累積、分析和應用這些數據，同時有助於行銷雇主品牌。

線下招募管道通常能直接實現 D2C，唯有使用獵頭公司或派遣公司時例外。這兩者的招募成本較高，一般適用於招募困難、敏感、關鍵或緊急的職位，或者是缺額眾多、急迫的職位。儘管如此，HR 仍然可以學習扮演獵頭的角色，平時多出席各種相關人力資源活動課程，不時逛逛 LinkedIn 或其他社群媒體，尋找潛在人才，培養人脈與敏感度，以備不時之需。

在實際運用線上招募管道的案例，目前台灣企業通常需要透過第三方網路平台，例如各大人力銀行和招募平台等進行招募。雖然這樣的做法節省成本，但缺點在於難以完全掌握招募數據。然而，我強烈建議公司應該積極建立的 項D2C（direct to customer）招募管道，那就是自家企業官方網站上的「徵才介面」。

不可或缺的招募武器：官網徵才介面

官方網站的「徵才介面」是最符合D2C模式的線上招募管道。官方網站就像企業公司的「虛擬店面」，不僅提供招募資訊，更能透過網頁體驗呈現完整的雇主品牌，展現企業文化和價值，這是即便是最強大的第三方人力銀行也難以做到的事。

設計良好的官方網站，應該讓求職者一目瞭然，能夠輕鬆找到「徵才頁面」的選單，這項工作應由HR共同參與內容設計。透過官方網站投遞履歷的求職者，會納入企業自有的招募數據，可整合到公司的人才資料庫。儘管短期內曝光率看似不如第三方的線上招募平台，但日積月累，必能達到相當的效益。

對於規模較小的公司而言，徵才頁面功能設計相對簡單也無妨，只需列出最關鍵的職缺列表、闡述公司核心價值和雇主品牌即可。就算只有一頁，也代表公司對雇主品牌的重視。

以下是「官網徵才介面」建議的基本內容：

- 職缺列表：包括職位名稱、所在地、工作型態、簡短職責描述等，以便求職者迅速瀏覽並找到適合的職缺。

- 應徵流程：提供清晰的應徵流程指引，讓求職者了解提交履歷的步驟，以及後續的面試和錄用流程。

- 企業介紹與雇主品牌：公司核心價值、組織文化與獲獎認證，以及針對求職者介紹的職涯發展、公司福利、員工服務。

- 員工投入：透過文字、影片呈現員工分享見證，讓求職者體驗真實的工作環境和公司文化。

★★ 關鍵學習 ★★

台積電官方網站

台積電官方網站的「徵才介面」是一個極佳的範例。
在台積電首頁選單，即可明確找到「人才招募」，子選單分別有「搜尋職缺」、「台積資源」、「台積生活」三項。

職缺列表除了列出職位名稱和工作型態，還提供完整的應徵流程介紹，公開透明，讓求職者能迅速掌握應徵所需的時間和文件。此外，在資源與生活兩項，網站清楚列出企業的核心價值、經營理念以及員工福利等內容，圖文並茂，提供使用者極佳的體驗。這些元素都將成為企業雇主形象與評價的重要資產。

招募管道的整合優化

招募管道的優化，必須線上與線下整合，分進合擊，才能達到理想招募目標。以下圖表 1 6 為招募管道整合優化的四個指標。

圖表 1–6　招募管道的整合優化

指標	優化方式
招募管道整合	整合線上線下管道，提高自有招募平台和 D2C 的使用佔比。除了建立自家官方網站的徵才介面，也可建立社群媒體、招募網站、企業官方網站等提高曝光率。同時透過線下招募活動等方式，增加企業的知名度。
雇主品牌行銷	運用雇主品牌，統一線上與線下招募管道的行銷內容。雇主品牌需有一致性，招募活動融入品牌形象、價值觀、文化特色，提升雇主品牌的可信度和吸引力。
招募數據整合	整合線上與線下的招募數據，可分析招募效果，建立人才庫。數據應該包括來源、轉換率、求職者反饋等。
注重求職者體驗	流暢與獨特的線上與線下求職體驗，讓求職者願意給予正面評價，並且根據求職者的評價數據不斷優化。

在數位化的時代，招募管道看似五花八門，管道更多元、傳播更廣，然而，正如水能載舟亦能覆舟，我們時常會發現，不良的求職者體驗，例如一位應徵者在面談過程中感受到不被尊重，可能會在社群媒體上留下永久的負面評價，對雇主品牌造成難以修復的傷害。

因此，我必須強調，求職者的體驗是累積雇主品牌評價的重要來源。HR 必須用心對待每一位求職者，從活動的設計細節到每一位求職者的接待，都必須以真誠的態度對待，視他們為未來的潛在員工，而非僅止於表面功夫。雇主品牌是由內往外的延伸過程，HR 如何對待公司員工，就如實地體現在求職者身上，只有表裡如一，才能建立真正具有誠信的雇主品牌。

3
建立雇主品牌

雇主品牌，就是透過品牌行銷的方式，傳遞企業形象、核心價值、職位屬性、員工關係與勞資關係，來吸引並留住優秀的人才。

HR 的招募人員，就像一個銷售工作職位的推銷員，為了銷售產品給目標顧客，我們必須以應徵者價值為導向，用心建立與維護雇主品牌，滿足應徵者的價值主張（Value Proposition），如圖表 1-7 所示，產品的顧客價值主張，可對應應徵者的價值主張，兩者的原理共通。

圖表 1–7　雇主品牌滿足應徵者價值主張

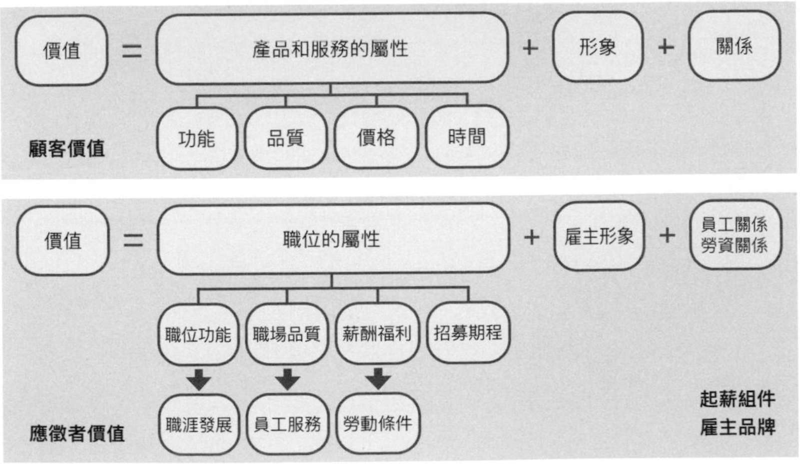

價值
=
產品和服務的屬性
+
形象
+
關係
功能
品質
價格
時間
顧客價值

價值
=
職位的屬性
+
雇主形象
+
員工關係
勞資關係
職位功能
職場品質
薪酬福利
招募期程
職涯發展
員工服務
勞動條件
起薪組件
雇主品牌
應徵者價值

HR打造定位清晰、明確，凸顯獨特之處的雇主品牌，使公司在招募中更具吸引力，長遠來說是讓公司持續吸引、留用優秀人才的重要指標。我們可透過圖表1-8來盤點應徵者價值導向的公司雇主品牌內容。

圖表 1-8　應徵者價值導向的公司雇主品牌

價值主張	雇主品牌
公司品牌 產品品牌	公司或事業部股東結構、願景、產品線的廣度與特色、目標市場的區隔與選擇、垂直整合程度、相對規模與規模經濟、地理涵蓋範圍、競爭優勢的利器、市場佔有率、營收、獲利、股價、EPS、公司治理、社會責任、環境保護、獲獎、認證……等。
員工關係 勞資關係	公司或事業部之經營理念、組織文化、組織氣圍、主管的管理理念與管理風格、員工投入、內部溝通、合法合規、勞資爭議、勞資訴訟。
職位功能 職涯發展	組織設計與組織發展、職位設計與工作職責、結構性的訓練發展計畫、職等職稱對照表、職涯路徑與職涯發展、晉等與晉升辦法。
薪酬福利 員工服務	1. 本薪、津貼、獎金、紅利、股票、法定福利、優於法規之福利。 2. 食、衣、住、行、育、樂、醫療、育幼等員工服務。
職場品質 安全衛生	1. 公司或工廠：地點／社區／工業區、週圍公共交通系統、交通工具、停車位、交通時間、周圍生活機能。 2. 辦公室或廠房：建築、佈局與裝潢、公共設施、員工服務設施、空氣與飲水品質、安全衛生。 3. 工作與生活平衡。
招募期程	招募、甄選、僱用與引導的作業過程與決策時間。

每個世代的求職者的價值主張，都會因時代變遷而轉變。最近，天下雜誌刊登了一篇關於年輕世代職場文化的文章，標題為《寧願跑Uber也要拒絕「壞工作」：年輕勞動力大減20萬人，新世代工作觀全公開》，引起廣泛關注。文章深入分析了當前步入職場的年輕人，他們寧可等待，也不願意投身對他們而言缺乏

吸引力的工作，換言之，「興趣」或「工作內容」的價值對他們而言高於其他條件。若企業希望吸引並留住人才，就必須根據時代的變化調整和優化雇主品牌。

小練習

假如你是一位應徵者，當你去某公司應徵一項職位時，你最期待公司能夠滿足你的哪項需求？若角色對換，你是公司的 HR 或主管，你會如何去打造員工所期許的職場條件？

應徵者價值導向的雇主品牌

有個常見的迷思是，只要職缺能提供的薪水夠高，就足以吸引人才。然而事實上，許多關鍵或高階主管職缺差異化的決勝點，並非只是薪水，而是公司的雇主品牌和其他條件，例如，一個地處偏遠的工業區公司職缺，交通便利性可能是影響求職者考慮就職的重要因素。因此，HR 應該思考如何善用或提升其他優勢來吸引人才。

用人不是一時之計，而是著眼於長期的職涯發展。身為 HR 的招募人員，必須用心經營職場，讓潛在與現任員工充分感受到：「我們在乎你！」這代表公司能承諾一個長久、穩定且能夠不斷發展的職涯發展、提供人性化的工作環境、合理的薪酬福利制度，以及食衣住行育樂等各項員工服務。這一切就從建立雇主品牌，檢視職位是否能滿足求職者的價值導向著手。

此外，切莫忽略招募期程，最好能在一至二個月內完成，避免拖延。除非是高階職位需要更多時間尋找人才，否則只是讓招募成本徒增，又讓求職者不斷奔波，影響到職意願，對雇主品牌形象的發展不利。

1-3 活動：依現況盤點公司雇主品牌

↳ 目的：盤點公司的雇主品牌。

↳ 所需時間：15 至 20 分鐘。

↳ 說明：請參考本節內容，依現況盤點應徵者價值導向的公司雇主品牌，盡量用數據或具體作業準則、管理辦法說明。思考看看，如果公司想要吸引人才，那麼公司的好是好在那裡？一家公司的雇主品牌不需要樣樣都領先同業，只要某些項目具有吸引力贏過競爭對手就可以了。

價值主張	雇主品牌
雇主形象	
員工關係 勞資關係	
職位功能 職涯發展	
薪酬福利 勞動條件	
職場品質 員工服務	
招募期程	

4

衡量招募績效

當今競爭激烈的人才爭奪戰（talent war）中，HR 需要致力於提升招募雇用績效，吸引聘用最適才適任的人才，為企業儲備最佳戰力。招募指標的數據分析，可作為企業評估招募成功與否、優化招募過程的關鍵工具。

然而，招募指標眾多，我們應該依據哪些參考指標？本書簡列出 Erik van Vulpen 所提出的「21 個你應該要追蹤的招募甄選指標」與計算招募成本的方法，如圖表 1-10、1-11，來源參見本書「參考資料」。讓 HR 能夠深入洞察，制定更有效的招募策略。

圖表 1–19　19 項關鍵招募指標

	指標	簡要內容
1	遞補時間	從職缺公布到人選確認的天數，評估補足離職員工空缺所需時間。
2	招募時間	從接觸潛在求職者到聘雇所需的時間，反映整個招募甄選流程的效率。
3	招募管道	追蹤各種招募管道的效果，包括求職網站、公司網頁、社群媒體等。
4	第一年流失率	新進員工在第一年離職的比率，可分為可控流失和不可控流失。

	指標	簡要內容
5	招募品質	新進員工的第一年績效表現評估，高績效代表招募成功。
6	用人單位主管滿意度	用人單位主管對新進員工的滿意度。
7	新進員工工作滿意度	衡量新進員工在實際工作中的滿意度，確保期望與實際相符。
8	職缺應徵人數	衡量職缺的熱門程度，應徵人數過多可能表示市場需求大，或工作說明過於模糊。
9	錄取率	任用人數與應徵人數的比率，用於評估招募甄選的效果。
10	平均招募成本	總招募成本除以總任用人數，包括內外部成本，用於評估招募效益。
11	應徵者體驗	衡量應徵者在招募過程中的感受，通常透過淨推薦值（Net Promoter Score）進行評估。
12	報到率	報到人數與發出錄取通知的比率，低報到率可能反映薪酬溝通問題。
13	公開職缺比率	所有公開職缺與總職缺數的比率，反映公開招募需求的高低。
14	履歷完成率	衡量應徵者在線上招募系統中完成履歷的比率，反映系統友善性。
15	招募漏斗效益	衡量招募過程中每個環節的效益，計算階段性通過人數與階段性所有應徵人數的比率。
16	招募管道效益	評估各招募管道的轉換率和效益，計算應徵者和職缺曝光次數的比較。
17	招募管道成本	統計各招募管道的招募費用，使用支出除以成功完成履歷申請的人數。
18	新人生產力最佳化成本	協助到職者達到生產力最佳化的相關費用，包括報到、入職引導、培訓等成本。
19	新人生產力最佳化時間	新人達到最佳生產力前的學習期間，通常需要 28 週。
20	不利影響	有偏見和不公平任用方式對弱勢群體的負面效應。
21	招聘人員績效指標	追蹤招募人員的表現績效方式。

計算招募成本

為了能夠有效運用資源，我們要來學習招募成本的基本計算方式。平均招募成本的計算涉及到內、外部成本的量化，將所有項目量化後，即可算出總招募成本。

招募內部成本包括招募人員花費的時間、招募管道費用、主管花費的時間、新進員工的入職引導時間和訓練成本。外部成本則像是如廣告費用、應徵者成本如給應徵者前往面試的車馬費、專驗測驗的花費等、新人訓練成本、生產力損失等，如圖表 1-10 所示（資料來源引用 Erik van Vulpen）

圖表 1–10　總招募成本

總招募成本	
外部成本	內部成本
廣告費用	招募人員花費時間 –（平均薪資 × 花費時數）
招募管道費用	每位主管花費時間 –（平均薪資 × 花費時間）
應徵者成本	新人入職引導時間 –（平均薪資 × 花費時間）
新人訓練成本	生產力損失
其他外部成本	其他內部成本

* 引用資料來源：

計算方式為：總招募成本＝外部成本＋內部成本

平均招募成本 = 總招募成本 / 總任用人數 =（總內部成本 + 總外部成本）/ 總任用人數

許多人常有一個誤解，認為招募就是主管用上班時間進行面談，成本不高。實際上只要計算一下就知道，招募所需的內部成本其實相當高，光是主管與招募人員花費的時間和機會成本就相當可觀。

這也是為何 HR 需要學習更具策略性的招募方法，用對方法，事半功倍，透過精算了解招募成本效益，分析投資回報率，我們才能做出相應的調整。例如，制定預算、選擇成本效益較高的招募管道方案，同時隨著時代和人才趨勢的變化，不斷優化企業的招募策略。

CHAPTER 2

選才的原則與方式

2-1 選才是選最適合的人才

2-2 動手寫簡要工作說明書

2-3 甄選流程與面談方式

2-4 面談的偏誤與對策

1
選才是選最適合的人才

適才適所

有句話說：「適才適所」，用英文表達就是 right person, right seat，選才的原則是希望應徵者能符合兩個條件：勝任工作、適應環境。滿足上述兩項條件，即是具備工作職缺所需的「職能」（competence）。

職能，是一個人所具有的外顯特質與內隱特質的總合，可預測工作情境中有效或卓越表現的校標參照。根據學者史賓森（Spencer & Spencer）在 1993 年提出的職能冰山模型理論，簡單說，要知道一個人是否「適才適所」，並非單獨仰賴學歷、經歷、智力或背景，而是看他是否擁有「勝任工作」的「硬性能力」（Hard Skill），意即職位所需的知識與技能，以及「適應環境」的「軟性能力」（Soft Skill），意即軟性技能與態度（Attitude），如圖表 2-1 所示。

選才的第一步驟，先明確定義工作職位所需要職能，也就是「硬性能力」和「軟性能力」的加總，來判斷應徵者之於職位的合適程度。更精確的講法就是求職者能力供給與職缺能力需求的契合度比對，契合度越高，越符合職位需求。

圖表 2-1　適才適所的選才基準

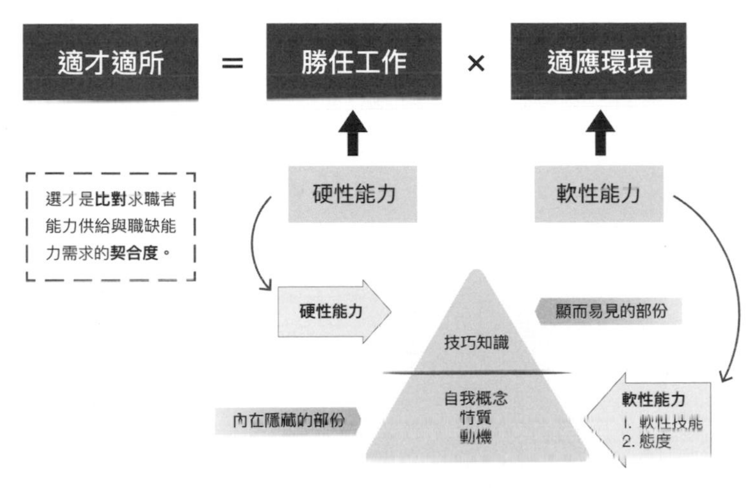

職能冰山模型 Opencer & Spencer 1993

職能冰山模型

在職能冰山模型中，描繪了一個人職能的兩個層次，冰山上方的外顯特質即是「硬性能力」，也就是一個人的專業、知識與技能，是易於由外察覺和評估的表面特質，例如：學歷、證照和工作經驗。

冰山下方的軟性能力，則是難以一眼辨識的內隱特質，卻佔據整個冰山的 80%，這代表著求職者適應職場環境和組織文化的能力，也就是自我概念、特質、動機與態度。硬、軟能力兩者相加的綜合能力，即是一個人的職能，也是我們招募甄選人才的基準。

圖表 2-2　職能冰山模型與說明

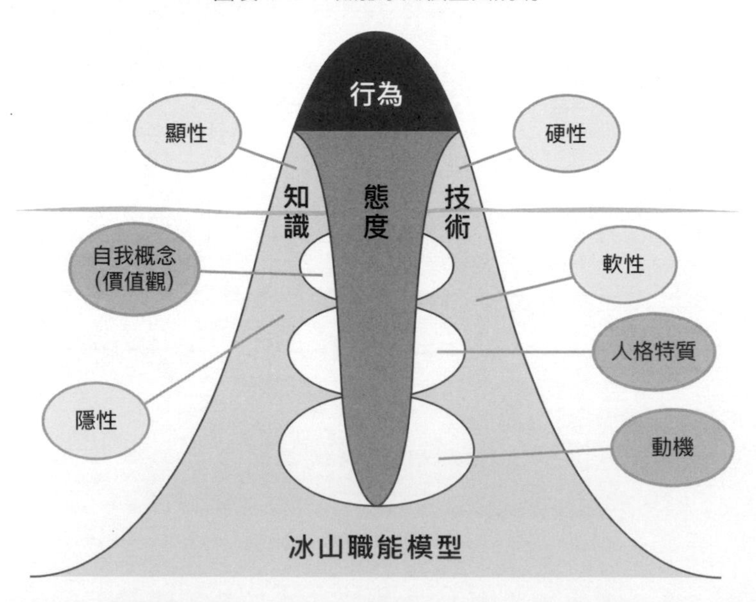

職能類型	說明	外顯／內隱	可否培訓
硬性能力	執行相關任務所需具備的專業知識與技能，瞭解可應用於該領域的原則與事實，具備可技術性操作層面的能力，如：程式設計、活動籌備、機械維修等。	外顯，可透過專業測驗與面談得知。	尚可培訓
軟性能力	1. 軟性技能 執行相關任務所需具備的認知層面能力。認知即是透過思想、經驗和感官，獲得知識和理解的心理行為或過程。如：溝通、創新導向、問題解決等。	內隱，可透過行為事例面談法探詢得知。	較難但尚可培訓
	2. 態度 執行相關任務所需具備會影響績效表現的態度，包含價值、動機、個人特質。		難以培訓

硬性能力是外顯的，容易被看見與評估，例如學歷、證照、工作經驗，且許多專業知識是由後天學習養成的，可被培訓發展。至於軟性能力卻是隱性的，難以一眼看出，如人脈建立、合作協調、創新導向等特質，仍可培訓，但並非易事。

軟性能力中可劃分居於核心地帶的「態度」，如圖 2-1 所示。態度位於冰山深處，就像是「原廠設定」，難以透過外在學習去改變，是無法培訓的。因為一個人處世待人的基本態度，往往在進入職場前就已經成型，華人社會常說一句話：「江山易改，本性難移。」就是在闡述這個道理。找對人才，遠比後天培養更重要！

理想上招募甄選的任務，是找到軟、硬能力都符合工作職責的人才，但實務中可能難以面面俱到。舉例來說，若面談遇到某位應徵者，他的專業技術（硬性能力）到位，但是缺乏了這份職位需要的態度「正直誠實」，因為態度是很難改變的，我們需謹慎判斷他是否適合該職位。

若情況相反，另一位應徵者雖然專業能力雖未達優異，但有一定水準，在軟性能力上展現出「主動積極」、「自我提升」等所需特質，也擁有「正直誠實」的態度，符合職位的職能基準，那我們可以考慮錄取這位應徵者，透過培訓的方式加強硬性能力。

參考工具：職能字典

根據不同職位所屬的專業領域，硬性能力沒有放諸四海的標準，不過，軟性能力基本上是普世共通的準則，許多職位都有共通性，因此，我們可以用參考工具作為軟性能力的衡量基準，以此設計深度有效的面談，也就是行為事例面談法來探詢（probing）應徵者的軟性能力與態度。

這是一份勞動部勞動力發展署的《職能基準發展指引》列出的一般職位常見軟性能力基準表（圖表 2-2、2-3），或稱為「職能字典」，分為職能基準所須之軟性技能以及態度。

圖表 2–2　職能字典－職能基準所須之軟性技能

項次	職能項目	定義
SS01	人脈建立	主動尋求有利於工作的人際關係或聯繫網絡，積極建立並有效管理、維繫彼此的合作關係。
SS02	分析推理	釐清能夠解釋事實、資料或其他資訊的規則、原理，視需要運用適合之方法技巧，分析資訊及做出正確推斷。
SS03	外部意識	具備一定的敏感度，可以瞭解及判斷經濟、政治和社會趨勢對組織與任務的影響。
SS04	正確傾聽	能根據特定的溝通目標與脈絡線索，正確解讀他人訊息。
SS05	合作協調	能利用人際互動方式強化工作目標的完成，且能在團隊產生糾紛時綜合各方訊息，透過討論獲得團體成員接受與支持。
SS06	成果導向	運用各種方法，以求務必在期限內完成目標。
SS07	有效聯結	指能從過去的經驗或現有資料，找出與目標相關之關鍵性資訊。

項次	職能項目	定義
SS08	表達說服	透過有效方式傳達正確訊息，進一步能結合人際互動策略使對方接受某種觀念、服務或產品。
SS09	品質導向	執行工作任務時能持續不斷設計或應用回饋機制檢視及改善工作流程與結果，以確保產品或服務符合功能條件或品質保證的原則。
SS10	時間管理	有效規劃、分配及運用個人時間，且能檢討各項活動或工作的執行時間，調整無效或重複的作業流程。
SS11	問題分析	能在複雜或模糊不明的狀況下，系統化地找到關鍵問題所在。
SS12	問題解決	遇到狀況時能釐清問題，透過資訊蒐集與分析，運用系統化的方法，進行判斷評估，以提出解決方案或最佳方案供選擇。
SS13	組織計畫	能考量事件輕重緩急與組織可用資源，訂定可有效落實任務之計畫。
SS14	創新導向	不侷限既有的工作模式，能夠主動提出新的建議或想法，並落實於工作中。
SS15	策略性思考	在思考及判斷時，能預見其短、長期的潛在影響與衝擊，並透過邏輯性及周延性的分析與整合，採行相關的因應計劃。
SS16	溝通	主動表達自己的想法使他人瞭解，並努力理解他人所傳達的資訊。
SS17	價值判斷	能從不同的資訊準則，判斷各種方案的優劣價值。
SS18	彈性思考	能以不同角度界定資訊，並視狀況彈性轉換多元觀點進行思考。
SS19	影響力	能夠透過各種不同方式使他人認同、支持自己的意見、觀點、提案、計畫及解決方案。
SS20	衝突管理	以建設性的方式有效解決人之間的紛爭、不滿、對抗、意見不合，以降低負面的影響。
SS21	顧客導向	站在顧客立場，了解顧客的問題及需求，樂於提供資訊或協助、解決顧客的問題或滿足他們的期望。

圖表 2-3　職能字典－職能基準所須之態度

項次	職能項目	定義
A01	親和關係	對他人表現理解、友善、同理心、關心和禮貌，並能與不同背景的人發展及維持良好關係。
A02	主動積極	不需他人指示或要求能自動自發做事，面臨問題立即採取行動加以解決，且為達目標願意主動承擔額外責任。
A03	正直誠實	展現高道德標準及值得信賴的行為，且能以維持組織誠信為行事原則，瞭解違反組織、自己及他人的道德標準之影響。
A04	自我管理	設立定義明確且實際可行的個人目標；對於及時完成任務展現高度進取、努力、承諾及負責任的行為。
A05	自我提升	能夠展現持續學習的企圖心，利用且積極參與各種機會，學習任務所需的新知識與技能，並能有效應用在特定任務。
A06	自信心	在表達意見、做決定、面對挑戰或挫折時，相信自己有足夠的能力去應付；面對他人反對意見時，能獨自站穩自己的立場。
A07	壓力容忍	冷靜且有效地應對及處理高度緊張的情況或壓力，如緊迫的時間、不友善的人、各類突發事件及危急狀況，並能以適當的方式紓解自身壓力。
A08	謹慎細心	對於任務的執行過程，能謹慎考量及處理所有細節，精確地檢視每個程序，並持續對其保持高度關注。
A09	追求卓越	會為自己設定具挑戰性的工作目標並全力以赴，願意主動投注心力達成或超越既定目標，不斷尋求突破。
A10	團隊意識	積極參與並支持團隊，能彼此鼓勵共同達成團隊目標。
A11	彈性	能夠敞開心胸，調整行為或工作方法以適應新資訊、變化的外在環境或突如其來的阻礙。
A12	應對不明狀況	當狀況不明或問題不夠具體的情況下，能在必要時採取行動，以有效釐清模糊不清的態勢，完成任務。
A13	好奇開放	容易受到複雜新穎的事務吸引，且易於接受新觀念的傾向。
A14	冒險挑戰	在成敗後果不能確定的情境下，對成功機會少但成功後報酬高的事情勇於嘗試的傾向。

小練習

你目前曾經或擔任的職位，最需要哪些軟性能力和態度？

請列出三項工作職責，並分別可對應哪些軟性能力和態度，並說明原因。

2

動手寫簡要工作說明書

正規的選材基準，需要準備兩樣基本工具。一個是針對職位所需專業技能（硬性能力）的「工作說明書」（Job Description），一份包含工作規範、工作職責、能力需求的表單，另一個則是盤點適應環境所需的軟性能力的「職能模型」（Competency Model），如圖 2-4 所示。

圖表 2-4 選材基準

適才適所 ＝ 勝任工作 × 適應環境

選才是**比對**求職者能力供給與職缺能力需求的**契合度**。

	勝任工作	適應環境
	硬性能力	軟性能力
正規程序	**工作說明書** 工作規範 （工作職責、能力需求）	**職能模型** （核心職能、管理職能、功能職能）
招募用	擬定職缺 簡要工作說明書 列舉**工作職責**	根據**工作職責** 從職能字典 挑選**軟性能力**
甄選用	根據**工作職責** 設計 **專業知能面談題目**	根據**軟性能力** 設計 **行為事例面談題目**

本單元目標，是要讓讀者學習針對特定工作職位，生產出一套最完整、效度高的面試題庫。實務上準備一份正式的工作說明書，建立職能模型需要耗費不少心力。若專為招募甄選設計，我在這裡教各位一個替代方案，設計一份「簡要工作說明書」。

首先，擬定職缺後，列舉職缺所需條件（學經歷等）和工作職責，同時根據工作職責從職能字典挑選對應的軟性能力，便能完成一份簡要工作說明書，我們用一份生技醫藥產業的「業務代表」職缺作為實際示範，一步步教大家如何動手寫出一份簡要工作說明書。

- 步驟 1. 寫出「職稱」、「部門」。
- 步驟 2. 根據職稱列出五項工作職責，以動詞 + 工作任務（V+Task）的方式條列，並寫出各項工作量比例。
- 步驟 3. 列出符合職位的科系或系所，若要增加彈性可加上「尤佳」。
- 步驟 4. 列出符合職位的經歷，職位十年資。
- 步驟 5. 列出起薪，月薪或年薪皆可，需符合業界標準。

圖表 2–5　簡要工作說明書寫法

職稱	業務代表	部門	業務部
學歷	醫藥相關系所學士	起薪	38000 起薪必須為具左列學歷與經歷之求職者所滿意
經歷	醫藥或生技相關產業業務代表二年經驗		

五項主要工作職責（動詞＋工作任務） （必須具上述學歷與經歷之應徵者所能勝任之工作職責或工作任務）		%
1	拜訪醫院的醫師與醫護人員，推廣藥品與開發新客戶。	50
2	拜訪連鎖藥局，瞭解架上庫存，分析市場需求，擴大營收。	20
3	參加醫師團體活動、支援醫學會參展活動，提供客戶服務。	15
4	舉辦醫護人員教育訓練，推廣藥品應用。	10
5	撰寫工作日誌。	5

接下來請讀者動手設計一份「簡要工作說明書」，我們將在下一章學習如何從中設計分別對應工作職責硬性能力的「專業知能面談題目」、對應軟性能力的「行為事例面談題目」，完成軟、硬能力兼具的面談題庫。

2-2 活動：為所需職缺寫出一份簡要工作說明書

↳ 目的：學習如何寫出簡要工作說明書，列出主要工作職責，並能夠找到對應的軟性能力。

↳ 所需時間：15 至 20 分鐘。

↳ 說明：請參考本節內容，寫出一份簡要工作說明書，請按上述步驟依序寫出職稱、部門、五項工作職責，以動詞 + 工作任務（V+Task）的方式條列、工作量比例、符合職位的學經歷、起薪。

第____小組討論：職缺的簡要職位說明書

職稱		部門	
學歷		起薪	起薪必須為具左列學歷與經歷之求職者所滿意
經歷			

	五項主要工作職責（動詞＋工作任務） （必須具上述學歷與經歷之應徵者所能勝任之工作職責或工作任務）	%
1		
2		
3		
4		
5		

3 甄選流程與面談方式

當今的甄選方法十分多元，除了深度面談之外，面談前可運用專業測驗來評估應徵者的專業技能，面談後透過徵信調查，了解應徵者過去工作表現，確保契合程度。

當我們完成簡要工作說明書，盤點了勝任工作所需的硬性能力與適應環境所需的軟性能力，下一步，我們要根據特定職位的需求、公司文化和選才目標去思考多元甄選方法，要採取何種面談？如一對一面談、小組面談、同儕面談等，讓甄選更有效率、更加完善，甄選流程如圖 2-6 所示。

圖表 2–6　甄選流程圖

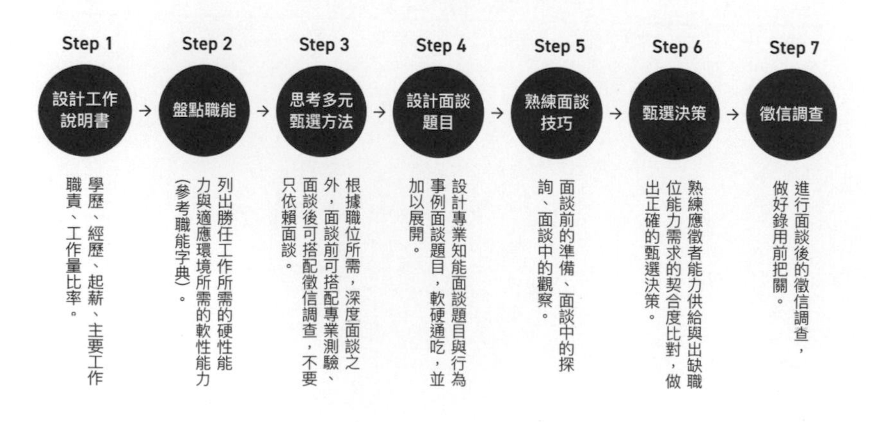

面談團隊的組成

在組織面談團隊前，我們需要根據工作職位所需，考量採取不同的面談形式，每位參與者都能為面試發揮最大效益，才能讓選才更有效率。以下是常見的面試團隊組成：

- 直接主管（必要）
  最清楚、最瞭解所需職位的人，就是「該職位的直接主管」。不需要號召其他部門太多主管，因為直接主管才是最清楚這份工作所需的硬性能力、軟性能力的人，也因此最合適、最主要的面試官。

- 熟悉職缺的員工（建議參與）
  找來該職缺部門的員工一起參與面談，幫忙提問或回答應徵者的問題，這樣的組成稱為「同儕面談」，是本書非常推薦的面談方式。

- HR（可視情況參與）
  HR 未必要參與所有的面談，除了重要職位、高階主管職位以外，HR 在甄選階段的主要任務，是要引導與協助主管問對問題，做對決策。在設計面談問題時，HR 的專業在於找出職位所需的「軟性能力」，設計出行為事例面談題庫，供面談團隊參考。

- 第二層主管（可視情況參與）
  第二層主管的責任是審查、做好把關，以及面談後確認契合度，未必要參與面談，除非是重要職位。

推薦！同儕面談法

同儕面談（Peer Interview），即是找來自本部門熟悉職缺的資深員工，或者他部門的相依（interdependence）員工擔任面試官。根據實際案例，美國教科書出版公司 Holt, Rinehart and Winston 的所有職缺，採用同儕面談法後員工離職率驟減 70%，因為公司比較能判斷應徵者是否合適。我也曾聽聞台灣某知名遊戲產業公司分享，該公司採取同儕面談法的效果十分顯著。

同儕面談的優點是由員工擔任面試官，可讓公司從團隊角度來評估應徵者是否可融入團隊合作，也因為員工參與選才，會有「我要找對的人進來，這個人是我選的！」的心態，對未來新進員工的接受度更高，願意教導、提供協助給新進員工，順利組成團隊。

此外，應徵者可透過未來同事的角度，深入了解公司、職缺與工作關係，判斷自己是否適合這份工作，看到職員現身説法，會提高對工作情境的安全感，降低離職率。

在實際執行面上，同儕面談法的執行步驟和一般面談大同小異，氣氛通常會相對融洽，記得要保留時間給應徵者提問。此外，雖然我建議同儕面談可和主管面談同時進行，較有效率，但若分開進行，也是另一個折衷的方式。

面談的進行方式

面談進行方式，最常見的有兩種：一對一的連續性面談，或是二至三位面試官組成的小組面談。我非常建議各位 HR 嘗試小組面談，搭配同儕面談，省時省力，互相支援，使選才的決策衡量更周延，面談後也可立即完成契合度比對。

若實務上公司尚未採用小組面談，或仍在摸索階段，建議參考許多現行做法：初試時採取小組面談，複試再由用人主管一對一面談，做好最後把關，兩者兼具，也是可行的方案。

圖表 2-6　面談形式優缺點

形式	說明
連續性面談	二到三位面試官，各自以一對一的方式，輪流面談同一位應徵者。面談後，再由人力資源人員設法整合所有面試官的意見，比對契合度。 ☺ 優點　1. 對應徵者產生的壓力較小，應徵者較能侃侃而談。 ☹ 缺點　1. 應徵者需花較多時間，且可能重複問相同題目，易引起反感。 2. 由於沒有同時作業，整合所有面試官的選才比對結論並不容易。 3. 時間人力成本相對更高。
小組面談（推薦！）	二到三位面試官組成面談小組以多對一的方式，同時面談一位應徵者。面談後，小組組長當場立即整合所有面試官的意見，比對契合度。 ☺ 優點　1. 節省應徵者時間，避免應徵者反感。 2. 面試官可分工合作、互相支援，深入展開面談題目，使選才決策衡量更周延。 3. 面試官可以互相切蹉，觀摩面談技巧，提升面談技巧。 4. 面談後可以立即完成比對，做出完整、週延的決策。 ☹ 缺點　1. 多對一的面談方式，對應徵者產生較大的壓力、可能影響應徵者回答的完整性，建議創造融洽、平等的面談氛圍，減輕應徵者壓力。 2. 多位面試官聚集在一起組成面談小組，時間安排上並不容易。

圖表 2-6　常見面談形式比較

專業知能面談	根據一系列與職位工作職責相關的專業知能面談題目發問，每一個題目均有標準答案，可搭配專業測驗，確認應徵者是否具備職位所需的硬性能力。
行為事例面談	根據行為事例面談題目發問，請應徵者根據實際做過、經歷過，或成就過的具體事例回答，以確認應徵者是否具備職位所需的軟性能力。
壓力型面談	針對應徵者弱點，提出咄咄逼人的題目，不斷地打斷應徵者的回答，使應徵者感到焦慮、疑惑、挫折，處於守勢來觀察其對壓力的忍受程度。 注意！壓力面談如果使用不當，可能讓應徵者感到被羞辱。
非引導性面談	聊天式面談，面試官根據應徵者的回答，繼續發問下去。應徵者或許感覺良好，但是面試官屬意的人選不一定是適合的人。

4

面談的偏誤與對策

根據社會心理學家的研究，每個人都有先入為主的觀念，連我們自己或許都沒有察覺到的內隱偏見（Implicit Biases），這些觀念可能會影響面試的準確性，為了避免這樣的情況，在面談前不妨為自己做個面談檢查，你是否不自覺犯了以下錯誤呢？

1. 先入為主的偏見

我們常常因為先入為主的看法，對年齡、性別、族群、背景……等內有特定的看法。有些主管用人偏愛男性，認為男性比較堅強；有些主管用人偏愛年輕人，認為年輕人比較能創新。

✘ 違反現今「多元、公平與共融」（Diversity, Equity and Inclusion，簡稱 DEI）的核心價值，DEI 尊重並接納多元的員工，都能有發聲、表達想法的機會，對於留住人才十分重要，應徵者也會將企業 DEI 表現納入就職考量。

2. 弦月效果

弦月效果（Horn Effect）意思是過度著重負面資訊，我們常常因為應徵者某一項能力比較不足，就耿耿於懷，因而淘汰這位應徵者。例如，某位應徵者的英文未達高級而被淘汰，但其實英文能力只佔職位所需能力的 15%，更何況英文能力可以進一步養成。

✘ 因小失大，錯失人才。

3. 以貌取人

以貌取人，中外皆然，我們常常根據應徵者的長相，包括高矮、胖瘦、美醜等表面因素決定錄用與否。長相比較討喜或身材適中的應徵者，總是比較容易獲得面試官的青睞。人不可貌相，選才是以能力為基準。

✘ 違反就業服務法

按法律規定，雇主對求職人或所僱用員工，不得以種族、階級、語言、思想、宗教、黨派、籍貫、出生地、性別、性傾向、年齡、婚姻、容貌、五官、身心障礙、星座、血型或以往工會會員身分為由，予以歧視。

4. 月暈效果

月暈效果（Halo Effect），意思是過度重視某項優勢，以偏概全，而忽略其他因素也須納入考量。我們常常因為應徵者某一項能力特別突出，就推論他是適合人選，例如，某位應徵者的某項專業能力達高手級，立刻獲得錄用，其實他的軟性能力如態度、價值觀嚴重不足。

✘ 選錯人，無法勝任工作，請神容易送神難。

5. 類同效果

因應徵者的特性、背景或行為模式和自己相似，而給予較正面的評價。常見的例子是主管偏好錄用和自己同一所學校的學弟妹、前同事，或用人不避親，整個部門變成「宗親會」或「同鄉會」。另一種情況是性格相似，例如：工作狂的主管會認定過去經常配合加班的應徵者，比較負責任。其實，這位員工的工作效率並不高。

✘ 感情契合，能力未必能勝任。

6. 面試順序的比較偏誤

在面談中，我們總不免將眼前的應徵者與上一位應徵者直接比較，因此標準會浮動。雖然目前的應徵者專業能力已達熟手級，但是若剛好次序安排時，上一位是高手級，相較之下，眼前這一位應徵者就會得到較低的評價。

・建議準備工作說明書、設計好面談題目，就有統一標準可做能力供需契合度比對，免得錯失人才。

7. 求才時間壓力

由於求才時間的壓力，來不及完成選才流程，就草率錄用契合度偏低或來路不明的應徵者。這個現象往往出自於用人主管低估 HR 招募甄選人才所需的時間，一般來說從開始招募、面談到員工報到，至少需要 2 至 3 個月的時間。

✘ 樣本過小，難以找到合適人選。

・建議提前做好人力規劃，HR 與用人主管要先達成共識。

8. 缺乏親切氣氛

面試官過於高高在上，表情和語氣過於嚴厲、壓迫感太強或有輕蔑感，使應徵者感到不受尊重，無法暢所欲言。

✘ 應徵者感受不好，也傷害公司的雇主品牌評價。

9. 不清楚職缺

面試官採用聊天式面談，所談與工作職責和能力需求沒有多大關聯。或面試官根據應徵者的回答，隨興繼續發問下去。另一情況是面試官不是適合人選，或不清楚職缺的工作職責與能力需求。

・建議慎選面試官，準備有工作說明書、設計面談題目，就有統一標準可做能力供需契合度比對。

10. 沒有明確結論

面試時沒有職位說明書和設計面談問題，無法比對能力供需契合度，因此面談之後沒有明確結論。面試官可能談得很高興，卻無法在「決定錄用」、「考慮錄用」、「不擬錄用」三者作結論。

✘ 無效率的面談方式，未必能找到合適人選。

職涯發展

我們常以為，招募甄選是為了解決燃眉之急，卻忘了用人是長久之計。在面試中有一個類型的題目十分重要，卻時常被大家所遺忘，那就是職涯發展（Career Development）。

職涯發展（Career Development）是指一個人進入組織後，透過整體與系統性的指導方法，致力於在組織內實現職業生涯的成長，包括在職場中不同階段所需的技能、知識和發展機會，實現個人和組織雙方的長遠發展目標。

當各位 HR 進行面談時，可從下列的職涯發展題庫中挑選一至兩題，探詢應徵者是否對公司產品內容、職位有足夠興趣和就職意願。

1. 談談你目前所從事的工作，對於目前所從事的工作，您個人看法如何？體會最深為何？（工作心態）
2. 過去一年中你換了幾個工作單位，原因為何？（穩定性）
3. 請問你在目前公司，是如何提升自己專業能力？如何使自己勝任目前工作？（自我提升、學習能力）
4. 請問您為何來應徵這個職位？您認為這個職位有哪些吸引您的地方？（求職動機、心態）
5. 您參加過哪些職位相關的培訓？你個人日常如何學習？（自我提升、學習能力）
6. 你為何來應徵這個職位？做了哪些準備？將來如何勝任工作？（求職動機、心態）

若是具備長遠發展性，重要的關鍵職位，HR 希望找到長久、穩定的人才，公司也願意承諾職涯發展，可以詢問以下問題，來確認應徵者是否願意長久發展。

7. 談談你五年內的個人職涯發展計畫，三年或五年後，希望達到什麼職涯發展目標？打算如何達成職涯發展目標？應徵這個職位是否為職涯發展計畫的一部分？
8. 三年內你要達到什麼樣的職涯發展目標，第一、第二、第三年各別的職涯發展目標？

小練習：自我介紹的時機

請問你在舉行面談時，第一題是否會請求職者自我介紹？你會根據「自我介紹」的內容繼續問下去嗎？選才面談是問我們該問的，還是讓求職者講他想講的？

答：自我介紹是選才面談常見作法，第一題請應徵者自我介紹後，就開始順著應徵者的所提供的線索去往下問，但這樣做，真的是好的面談方式嗎？

事實上，應徵者的自我介紹，必定是對自己有利的資訊，在自我包裝的同時，有時不免會有過度美化的情況。若面試官順著問下去，可能會出現「月暈效果」，過度放大應徵者的優點，或因為應徵者某一項亮眼的表現或能力，而自動推論他有能力可以勝任工作的所有職責。

面談的原則在於由身為面試官的我們，主動發問，掌握和引導面談方向與重點，而非讓應徵者暢所欲言，若面談過程中，應徵者的回應已經偏離了方向，記得要引導回你真正想問的問題，要記得，是選才的人來決定「合適的人才」。

CHAPTER 3

設計「找對人」的面談題目

3-1　行為事例面談題目設計

3-2　行為事例面談實作演練

3-3　專業知能面談題目設計

3-4　行為事例面談題目整合

1 行為事例面談題目設計

行為事例面談法（Behavioral Event Interviewing，簡稱 BEI），是招募甄選人才一定要學會的基本功，也是目前效度最高的面談法，是一般面談效度的五倍，能夠大幅提升面談的效度與信度，讓你從茫茫人海中用最少的力氣，找到最適合的人才。

圖 3–1　行為事例面談法原理

行為事例面談法
Behavioral Event Interviewing，BEI

相同前提下人們在類似情境、事件、採取的行動通常有一致性，
收集當事人過去曾經發生過的行為事例，用來預測未來的行動，即是行為事例面談手法。

行為事例面談法的原理，是根據應徵者的過去親身經歷、成就過的具體行為、事件等經驗分享為基礎的面談法。透過展開面談題目，深入探詢與展開，判斷應徵者是否具備工作職責所需的職能，以便預測未來表現與績效，幫助我們做出人才任用的決策。

原理分析

「行為事例面談法」由哈佛大學心理系教授 David McClelland 所提出，是一套奠基於心理學所發展出來的訪談方法，在許多領域中被廣泛應用，證實能獲得良好成效。行為事例面談法的奠基於一個概念，一個人過去曾發生過的行為舉止與思考方式，也會延續到未來。原理在於我們生活中的所作所為，都不是偶然發生或隨機選擇，一個人之所以有特定行為，都是由最深處的心智模型價值觀、自我概念出發，經過系統結構思考，養成為長期的行為模式，最後透過具體行動、事件展現出來，如圖 3-2 所示。

圖 3-2　行為事例原理冰山圖

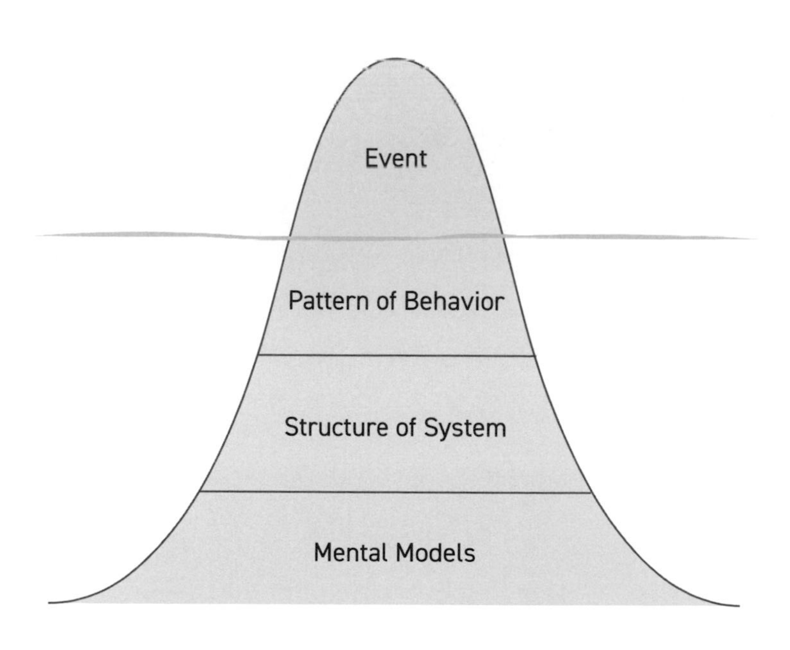

-「事件」(Event) 位於最上層，是從外界可觀察到的，事件可能只是一次性的危機或成功經驗。

-「行為模型」(Pattern of Behavior) 是隨著時間的推移而出現並且更加一致的趨勢和行為模式。

-「系統結構」(Structure of System) 是內在塑造模式和事件的規則。

-「心智模型」(Mental Models) 是內在的信念和價值觀；它們是最深層次和最強大的，難以動搖和改變。

行為事例面談就是根據這個道理運作，當我們面談一個人，問他過去已經發生過的親身經歷、成就過的具體行為事例，藉此探詢他「行為模式」的長期傾向，理解他的「系統結構」，最後得知他內心深處的「心智模型」。目的在於判斷他是否具備執行工作職責所需的職能（管理職能、核心職能），好預測未來他是否能夠職能到位（行為面向績效）與目標達成（結果面向績效）。

簡單來說，行為事例讓我們由上而下，由外而內，以小見大，從過去預測未來。

具體作法

凡走過必留下痕跡；凡做過才養成能力。行為事例面談法著重引導應徵者，說自己的故事，不要說別人的故事。因為別人的經驗只是 know WHAT、know WHY（理論層面），就算應徵者說得頭頭是道、口沫橫飛，實際上，在錄用後可能無法轉化為實際行動。讓應徵者分享自己的故事，我們才知道他是否具備實際應用的 know HOW（實作）。

但行為事例要問什麼樣的「事件」？

首先，事件本身必須與工作職責相關，且能同步確認執行工作職責所需的硬性能力、軟性能力，以及與工作職責相關的管理職能／核心職能。不過，因為坊間也有五花八門的面試題庫本，許多應徵者早有一套「標準答案」，容易實問虛答，所以設計的題目必須進一步展開。

接下來，我們要學習如何詢問應徵者過去的具體行為事例，從職能字典選出的軟性能力，設計面談題目。若是剛畢業的新鮮人，仍可以轉化題目加以使用。

舉例來說，我想要測試某位應徵者，是否擁有職位應具備的「追求卓越」的軟性能力，會為自己設定具挑戰性的工作目標，願意主動投注心力達成或超越既定目標，不斷尋求突破。由此我們設計一道題目：

- 你是否曾有主動爭取更多的工作職責的經驗？請說明當時的情況。那是什麼工作職責？為什麼要爭取？你是如何上手？過程中若遇到困難如何克服？你的心得為何？

要注意的是，題目避免用假設性的情境題，要問「經驗」；設計題目盡量多用正面表述的方式，除非必要，避免過多負面表述，例如比起問「失敗」的經驗，可以問「成功」或「最值得一提」、「印象深刻」的經驗。若遇上應徵者回答十分簡短，或只是侃侃而談他覺得「應該」怎麼做，而非實際經驗，就必須引導職者請他舉例說明，以具體事例回應。

圖表 3-3　行為事例面談題目案例

正直誠實
✎ 您過去是否因公司標準作業流程（SOP）規定，防礙目標達成的經驗？發生了什麼事？當時您如何處理以達成目標？ ✎ 您可以告訴我一個不得不說謊的經驗嗎？ ✎ 請分享一件主管曾經交辦，但與您的工作理念相違背的任務？您如何因應？ ✎ 過去的工作經驗中，是否曾經接到客戶對您的抱怨？如何解決？
主動積極／自我提升
✎ 過去工作（或求學）時曾解決過的問題當中，是否有讓您感到最滿意的某個問題解決經驗？是什麼問題？什麼時侯發生？如何解決？解決之後有什麼心得與啟發？ ✎ 過去工作（或求學）過程中，最有挑戰性的工作為何？是什麼工作（科目）？是如何完成的？ ✎ 過去工作（或求學）過程中，是否曾接觸從來沒做過的工作（從沒學過的科目）？如何使自己有能力去完成？ ✎ 您研究所的論文題目為何？撰寫過程中遭遇到最大的困難為何？如何克服這些困難完成論文？ ✎ 在學校學習的過程中，哪一門課最困難？如何克服困難取得學分？

合作協調／團隊意識
✎ 您是否曾參加學校的社團或校外的社團組織？是否曾被選為幹部？曾經主辦什麼活動？如何協調社團成員完成目標？ ✎ 過去曾參加過什麼專案？在專案中扮演的角色為何？有幾個人參與？專案要達成的目標是什麼？您是如何參與專案來協助達成目標？ ✎ 當與他人一起負責一個案子時，常會發生意見不合的狀況，您是否有過同樣的經驗？您當時是如何處理的？ ✎ 您過去是否有因提供他人協助，而使他人能夠完成任務的例子？做了什麼？
成果導向／自我管理
✎ 您在過去的工作過程中，是否曾主動提出創新變革的提案，經上級的核定後獲得公司的採用？請舉例說明。 ✎ 說明一下過去的工作裡頭，有哪些自發執行或提案績效獲肯定的佳作？當初動機及想法為何？如何完成？ ✎ 您最近閱讀的一本書為何？或最近上過最有心得的一門（進修／學校）課程為何？對工作或自我的績效提升有何幫助？ ✎ 過往工作中您感到最困難的事為何？您如何克服困難？ ✎ 過往工作中您感到最有成就感的事為何？為何讓您有成就感？
顧客導向
✎ 您過去服務的客戶當中，對您的服務感到最滿意是那一個客戶？您得到最大的讚美是什麼？如何做到的？ ✎ 在過去的工作經驗中，是否曾經接到時間很緊迫但又必須如期完成的工作？是什麼工作？您如何如期完成？ ✎ 最近的工作中，您如何知道內部或外部顧客是否滿意？請舉個例子。 ✎ 我們總是會有機會面對提出不合理要求的顧客，請說明您曾經處理的一件不合理的要求，那時候怎麼處理？

3-1 活動：練習配對軟性能力和面談題目

↳目的：在開始動手設計題目之前，熟悉每項軟性能力所能對應、發展的面談題目。

↳所需時間：30分鐘。

↳說明：表中的行為事例面談題目，每一題都是經過長年招募面談實戰的版本，可對應到特定二至三個軟性能力，請配合（頁數）的職能字典，回答出每個題目對應的軟性能力。

注意，此練習十分關鍵，請讀者一定要動手做，才能熟悉職能字典的實際運用，為日後設計題目打下基礎。

範例：

對應的軟性能力	題目
SS14 創新導向 A02 主動積極	可否分享您主動提出並被採用的提案？那是什麼提案？內容如何？效益如何？

有主動提案的經驗，代表此人不侷限既有的工作模式，能主動提出新的建議或想法，落實於工作中，具備「創新導向」的能力。同時，也代表他擁有「主動積極」的態度，不需他人指示或要求能自動自發做事，若有問題也能採取行動加以解決，且為達目標願意主動承擔額外責任。

對應的軟性能力	題目
	1. 為了這次應徵您做了什麼準備？曾經參加那些課程？曾經閱覽那些資料？曾經請教那些人？
	2. 上一次您必須在時間緊迫的情形下完成的工作為何？您當時怎麼處理？
	3. 您可不可以告訴我一個您不得不越權行事的經驗？
	4. 您曾經主動爭取更多的工作職責嗎？那是什麼工作職責？為什麼要爭取？您是如何上手？
	5. 您參與過規模最大的專案是什麼？那是什麼專案？專案團隊人數為何？您在專案的角色為何？
	6. 在過去的經歷中，是否曾被要求將某件事情加以包裝美化，讓它看起來比實際狀況還要好？後來的結果為何？您的心得是什麼？
	7. 最近兩年有無進修或學習記錄？如果有的話那是什麼科目？訓練時數為何？學習心得如何？對工作績效提升有何幫助？
	8. 過去的經歷中，讓您感到最挫折的事為何？如何發生？ 如何度過低潮？如今再遇到，您會如何處理？
	9. 您的朋友如何形容您？家人如何形容您？另外一半如何形容您？當中那一句話讓您最感受最深刻？

參考解答：1. A09 A04 A05 A02；2. SS10 SS12 A07；3. A03；
4. A02 A05 A09；5. SS05 SS16 SS13 A10；6. A03；
7. A05 A09；8. SS11 SS12 A07；9. SS01 A01。

經典題解析

活動內容有一個行為事例面談經典題目：「可不可以告訴我一個您不得不越權行事的經驗？」你答對了嗎？

許多人會以為這題測試的軟性能力是「創新導向」、「彈性思考」、「價值判斷」、「應對不明狀況」、「冒險挑戰」等，但真正的答案是：「正直誠實」。正直誠實是最重要的職能之一，代表一個人內在深處的態度與價值觀，若應徵者有越權行事的傾向，有朝一日可能為公司釀成大災難。

霸菱銀行（Barings Bank）就是一個實際案例，該銀行於 1762 年在倫敦開業，是英國歷史最悠久的銀行之一，曾在世界國際金融界的地位如日中天，多次化解嚴重的金融危機。然而 1995 年，一名在霸菱新加坡分行任職的交易員，因衍生性金融商品進行超額交易投機失敗，導致銀行損失 14 億美元，霸菱銀行最終因此事件倒閉，以 1 英鎊象徵價格賣出。這個故事告訴我們，勿以惡小而為之，誠信是最重要的原則。

另一個是我的親身案例，我時常在許多企業顧問課程上分享這一道題目，但大多時候職員或主管都未必能第一時間回答出正確答案。然而，有次我為一家台灣老字號的鋼鐵企業進行培訓時，該企業的總經理立即答對。他強調，企業經營的關鍵在於善用管理資源，而非追求機會財。這家企業以誠信價值而聞名，因此他們年年穩健成長，同時維持高員工留職率。這個案例告訴我們，誠信不僅是企業的核心價值，更是實現永續經營的正道。

2 行為事例面談實作演練

好的行為事例面談題目，言簡意賅，求好不求多，若能精準對應工作職能，一題便能夠測試出特定二至三個軟性能力。現在，我們用先前示範的生技製藥公司業務代表的簡要工作說明書，來展示如何設計一份行為事例面談題目。唯有動手親自演練，才會真正學會如何實作，讓我們開始吧！

- 步驟 1 設計好簡要工作說明書，列出五項工作職責與工作量。
- 步驟 2 濃縮主要工作職責，從職能字典選擇三項可對應的軟性能力／態度。
- 步驟 3 根據此三項軟性能力和工作職責，設計出三道行為事例面談題。

行為事例面談題目，沒有標準答案，本書提供的是建議解答，讀者可自行發揮。不過，好的行為事例題目通常三至五題，就能命中紅心，有的題目一題便包含專業知能（硬性能力）和二至三項軟性能力，軟硬通吃，這便是行為事例面談題目的功力所在。

圖表 3-4　職缺所需軟性能力與行為事例題目案例

❶

職稱	業務代表	部門	業務部
學歷	醫藥相關系所學士	起薪	38000 起薪必須為具左列學歷與經歷之求職者所滿意
經歷	醫藥或生技相關產業業務代表二年經驗		
	五項主要工作職責（動詞＋工作任務） （必須具上述學歷與經歷之應徵者所能勝任之工作職責或工作任務）		%
1	拜訪醫院的醫師與醫護人員，推廣藥品與開發新客戶。		50
2	拜訪連鎖藥局，瞭解架上庫存，分析市場需求，擴大營收。		20
3	參加醫師團體活動、支援醫學會參展活動，提供客戶服務。		15
4	舉辦醫護人員教育訓練，推廣藥品應用。		10
5	撰寫工作日誌。		5

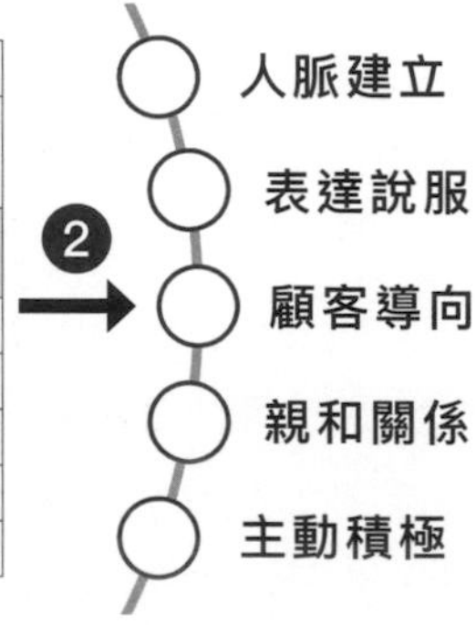

職稱	業務代表		部門	業務部
學歷	醫藥相關系所學士			
經歷	醫藥或生技相關產業業務代表二年經驗			
	根據職缺所需核心職能與工作職責設計行為事例面談題目 （題目中的行為事例必須與工作職責相關）			
1	軟性能力	**人脈建立**	工作職責	**拜訪醫護人員、拜訪連鎖藥局**
	題目	請分享以往開發新客戶最成功的經驗。		
2	軟性能力	**表達說服**	工作職責	**拜訪醫護人員、舉辦教育訓練**
	題目	請分享以往爭取訂單最值得一提的經驗。		
3	軟性能力	**顧客導向**	工作職責	**拜訪醫護人員、提供客戶服務**
	題目	曾經為客戶提供那些服務？客戶印象最深刻的是那項？		

實例分析

我們來看兩個 HR 招募面談的實際案例，某公司的開出人資部「人事行政專員」職缺，條件是在人資相關領域工作三年以上，工作職責為從事考勤跟薪資結算作業。

負責薪資結算作業的 HR，不僅要能準時發放薪資，薪資發放也不得有誤，該職位時常面臨的挑戰是：要能在作業時間緊急，或有突發狀況延誤的情境下仍能夠準時、正確地發放薪資。因此從以上工作任務，可列出三項必要的軟性能力：

「時間管理」、「溝通」和「問題分析解決」

根據三項軟性能力和工作內容，我們設計三道對應的題目，如圖表 3-5 所示。

圖表 3–5　行為事例題目案例

軟性能力	工作內容	對應行為事例題目
SS10 時間管理	✎ 考勤相關、人事資料、員工異動、保險	是否有無法如期完成工作的經驗，你如何處理？
SS16 溝通	✎ 考勤相關	在考勤作業中，處理過最有成就感的事情？
SS12 問題解決	✎ 考勤相關、行政庶務	請舉例考勤作業中遇到棘手的問題是什麼，你如何解決？

「時間管理」是首要的軟性能力，確保該名應徵者有能力做好時間安排、規劃與調度。另外需要的能力為「溝通」和「問題分析解決」。「問題分析解決」的行為事例題下，我們可繼續展開提問，如：那是什麼樣的問題？什麼原因造成？如何處理？對這件事情的看法與心得？如何防範未然，或有標準化的再發防止？以便探知專業與軟性能力的深度。

第二個案例是國外廠的「品保副理」職缺，由於是高階管理職位，工作說明書要求五年以上相關經驗，並設定了三個核心職能：

「合作協調」、「組織計劃」和「顧客導向」

其中「組織計劃」中有兩道行為事例題：

- 您曾辦理過哪一門品質課程？您是如何規劃的？訓練成果如何？
- 您是否曾導入過品質系統或計劃？請舉例說明當時如何協助公司導入？以及後來導入的成果與心得為何？

請問讀者，這兩個題目若只能二選一，哪一個更能夠確認應徵者具備「組織計劃」的能力？

答案是 2。儘管辦理品質課程也是指標之一，但課程辦得好，不完全能代表他實際了解整個品質系統，或看得出來他曾經如何去達成目標績效。因此，在提問時，第 2 個問題比第 1 題更理想。行為事例面談題目即便是詢問經驗，也需要問得準確，效度更佳。

小練習

請根據你在 2-2 活動單元（頁數）所設計的簡要工作說明書，按表操課，濃縮主要的工作職責，從職能字典選擇三項可對應的軟性能力／態度，並根據此三項軟性能力和工作職責，設計出三道行為事例面談題。

<table>
<tr><td>職稱</td><td colspan="3"></td><td>部門</td><td></td></tr>
<tr><td>學歷</td><td colspan="5"></td></tr>
<tr><td>經歷</td><td colspan="5"></td></tr>
<tr><td colspan="6">根據職缺所需核心職能與工作職責設計行為事例面談題目
（題目中的行為事例必須與工作職責相關）</td></tr>
<tr><td rowspan="2">1</td><td>軟性能力</td><td></td><td>工作職責</td><td colspan="2"></td></tr>
<tr><td>題目</td><td colspan="4"></td></tr>
<tr><td rowspan="2">2</td><td>軟性能力</td><td></td><td>工作職責</td><td colspan="2"></td></tr>
<tr><td>題目</td><td colspan="4"></td></tr>
<tr><td rowspan="2">3</td><td>軟性能力</td><td></td><td>工作職責</td><td colspan="2"></td></tr>
<tr><td>題目</td><td colspan="4"></td></tr>
</table>

3

專業知能面談題目設計

一網打盡的專業知能面談法

行為事例題目雖然精準、深度夠，但不是萬靈丹，無法包山包海，涵蓋所有職能面向。例如，應徵者的專業技術，仍需透過技術檢定的測驗才能得知。「專業知能面談法」是一個完整涵蓋各類型工作職能的面試法，有五種不同題目型態可自由運用，包括行為事例題目，是最完整的面試題庫組件法。

除了熟練運用五種題目型態，我們也將學習如何把行為事例題目當成基底，搭配其他類型的專業知能題目，彼此相得益彰，發揮最好的面試效果！

以下有五種專業知能的題目型態：

1. 模式題（Model questions）
2. 工作知識題（Job knowledge questions）
3. 模擬題（Simulation questions）
4. 情境題（Situational questions）
5. 行為事例題（Behavioral based questions）

圖表 3-6　專業知能題目五大類型題目

模式題（Model questions）

定義：詢問求職者工作流程，判斷求職者對該工作職責是否能夠窺其全貌，抑或見樹不見林，確認其知識與技能的廣度。可單獨詢問或搭配行為事例題目確認求職者是否能勝任工作流程的設計與執行。

範例：

1. 進料檢驗流程為何？
2. 處理客戶抱怨的流程為何？
3. 機構設計的程序為何？
4. 你所認知的軟體開發流程為何？
5. 半導體製程為何？

小技巧：

可搭配行為事例作為開頭，請他描述某項工作任務的工作流程，效果更佳。舉例來說，問題 2「處理客戶抱怨的流程為何？」可以調整為：「請描述你的職位上最常遇到的客戶抱怨經驗？請描述你處理客訴的工作流程？」

工作知識題（Job knowledge questions）

定義：詢問工作所需要的知識，以探知專業能力方面的知識，廣度、深度是否足夠，以及該應徵者是否能與時代接軌，不斷更新工作所需的新知。

範例：

1. 何謂 SPC？
2. 甄選人才有那些方法？請列舉之，並比較其優劣。
3. 何謂六個標準差？如何導入？
4. 「三角貿易」實務為何？
5. 請說明 3-Tier 與 Client-Server 的優點與缺點、架構。

小技巧：這類題目可單獨詢問或搭配行為事例題目，職場上有時會遇到某些在特定專業領域十分資深的技術人員，他們雖然知識深度足夠，但長年僅鑽研在某一個專業領域中，未能與時俱進，未必是職位所需要的人才。

模擬題（Simulation questions）

定義：技能導向的職位通常會在甄選時進行技能檢定，面試官給應徵者一項指定的工作任務，要求應徵者動手規劃、操作、演練或評論指定題目，以探知其專業能力廣度、深度是否足夠能勝任職位。

範例：

1. 請拆解這部印表機，說明其結構設計，然後將其組合。
2. 請分析這份電腦程式，並找出其中的 Bug。
3. 請設計一份離職面談表單。
4. 請安裝一系統軟體並用英文敘述其功能及使用方式？
5. 請現場向主考官用英文推銷您的手機。

小技巧：模擬題事前準備工作成本較高，但是效度或準確性最高的面談題目。可搭配專業測驗，是唯一無法搭配行為事例的題目。

情境題（Situational questions）

定義：情境面談是給對方一個在工作上可能面臨的挑戰，應徵者回答他們會怎麼處理，以「假設法」創造一個工作情境題目詢問應徵者，如果職位的工作環境常需要面對情境變化或問題解決，情境題目可用來確認應徵者是否適任。

範例：

1. 系統通訊中斷如何處理？
2. 如果客戶產品需求突增，如何應付斷料危機？
3. 當即將成交之際，客戶告知競爭對手的價格更有競爭力時，該如何處理？
4. 量測值超出標準值如何處理？
5. 專案時程快到，重要人員突然離職，您該如何處理？

小技巧：情境題目常會以「如果十某個特定狀況，您會怎麼處理？」的題型提問，但這個做法容易實問虛答，只知原理和作法（know what & why），未必知道怎麼「做出來」（know how）。建議結合行為事例題目，請應徵者分享「過去」怎麼面對這樣的情境？

行為事例題目（Behavioral Event Interview，簡稱 BEI）

定義：行為事例面談題目，評量應徵者過去的行為、經驗或成就，預測目前的能力以及未來的行為和績效。行為事例常是面談題目的基底，用以搭配模式題目、搭配情境題目或搭配工作知識題目，確認應徵者是否勝任工作。

範例：

1. 您過去一年中幫公司創造多少營業額？
2. 您所曾處理過最困難的裝機工程是什麼？
   處理後最滿意的又是什麼？
3. 您所寫過最滿意的程式為何？為何最滿意？
4. 請您陳述一下，過去對開拓市場最有心得的一戰！
5. 在品質提升活動中，您最值得一提的經驗是什麼？

職缺案例示範

熟悉了上述題型之後，我們來看兩個實際範例。若今天公司開出一名 IC 產業的「業務代表」職缺，條件是大學以上，電子或商學相關系所畢業，且有一年以上電子或 IC 產業相關工作經驗。我們該如何設計五種類型的專業知能題目？

示範如下：

圖表 3-7　IC 產業業務代表

IC 產業業務代表
• 模式題目：請敘述處理客戶需求之完整流程。若產品出錯貨，處理流程為何？ • 情境題目：若客戶不斷對公司有負面評價，包含價格、產品規格、品質，以及技術支援等，請問身為業務該如何處理？ • 工作知識題目：請分析說明此一產業的競爭者 / 產業 / 客戶型態。 • 模擬題目：請應徵者當場向面試官推銷商品。 • 行為事例題目：請問您過去負責最成功的案例？最失敗的案件？如何改進？最大的貢獻是什麼？

第二個範例，人資部的「招募管理師」，條件是大學以上，人資或商學管理相關系所畢；具二年以上招募甄選經驗，有電子產業經驗者尤佳。

圖表 3-8　IC 電子產業招募管理師

電子產業招募管理師
• 模式題日：請描述招募的整體流程。 • 情境題目：若適合的應徵者薪資談不攏，您如何在不加碼的前提下，吸引應徵者來上班？ • 工作知識：請您列舉常見的招募管道與應徵者來源為何？ • 模擬題目：請應徵者扮演公司面談主管，進行一場招募面談，職缺是招募管理師，面試官扮演應徵者，全程以英文對談。 • 行為事例：請問您遇過最難找的職缺為何？如何達成職缺的招募？

專業知能面談題目的設計，同樣奠基在（簡要）工作說明書的工作職責，根據每項工作職責的特性，選擇最適合的題目類型。一項工作職責可設計一道專業知能面談題目。工作量比較高，如高達 70% 以上的工作職責，可設計二至三題的專業知能面談題目，相反地，工作量較低如 5%-10% 的工作職責，則或可省略。

接下來，我們用本書生技醫藥產業的「業務代表」範例，若有一個佔比 50% 工作職責是要「主動去拜訪醫院職員，進行推廣與開發新客戶」，希望應徵者熟悉拜會流程，且有相關實戰經驗，可用「模式題、模擬題」來設計題目，其他題目設計請見圖 3-9。

・工作職責：拜訪醫院的醫師與醫護人員，推廣藥品與開發新客戶。（工作量 50%）

・題目設計：模式題。

・題目：請說明完整的客戶拜訪流程，會遇到哪些人，如何進行？

圖表 3-9　專業知能面談題目設計案例

職稱	業務代表		部門	業務部
學歷	醫藥相關系所學士			
經歷	醫藥或生技相關產業業務代表二年經驗			
五項與工作職責相關的專業知能面談題目（請註明題目型態）				
1	職責	拜訪醫院的醫師與醫護人員，推廣藥品與開發新客戶。 拜訪連鎖藥局，瞭解架上庫存，分析市場需求，推廣藥品。	工作量%	50/20
	題目	請說明完整的客戶拜訪流程。 （前：準備；中：應對；後：記錄追蹤）	題目型態	模式
2	職責	舉辦醫護人員教育訓練，推廣藥品應用。	工作量%	10
	題目	請說明市場上接受度最高的清腸劑有那些？其差異性為何？	題目型態	知識
3	職責	拜訪醫院的醫師與醫護人員，推廣藥品與開發新客戶。	工作量%	50
	題目	請現場介紹以前賣過的產品。	題目型態	模擬
4	職責	參加醫師團體活動、支援醫學會參展活動，提供客戶服務。	工作量%	15
	題目	如果醫師在你休假時需要你幫忙處理私事，你會如何處理？	題目型態	情境
5	職責	拜訪醫院的醫師與醫護人員，推廣藥品與開發新客戶。 拜訪連鎖藥局，瞭解架上庫存，分析市場需求，推廣藥品。	工作量%	50/20
	題目	請分享以往爭取訂單最值得一提的經驗。	題目型態	行為

4

行為事例面談題目整合

各位讀者或許發現了，許多專業知能題目其實可以套用行為事例題目，只需要搭配句型如：

- 請分享是否有……的經驗？
- 您是否曾經做過／遇過……？
- ……？請舉例，分享您曾經成功／失敗／值得一提的例子。

除了測驗專業技能用的「模擬題」無法套用行為事例題目，其他三種題型皆可搭配。我們不妨把專業知能題目想像成雞尾酒，行為事例題目就是基底，可以用來搭配其他類型的專業知能題目。

例如，有些情境題如：「系統通訊中斷如何處理？」，應徵者可能只是提出見解或理論，無法得知他是否有實作經驗，實作能力程度為何，只需要將題目轉換成：「過去是否曾遭遇系統通訊中斷？請詳細描述處理方式和結果。」就能夠立刻得知應徵者的能力程度與操作經驗，一目瞭然。因此，題目最好結合行為事例面談，面談才能有足夠深度。

小練習

有一個硬體測試工程師的職缺，要求大學以上電機、電子等科系畢業，對 PC 硬碟組裝與測試有興趣者。HR 按照工作職責列出下列題目：

模式題：電腦組裝程序及注意事項。

情境題：電腦不開機時應如何處理？〈Bug check 流程〉

請試著將模式題、情境題分別和行為事例題結合，寫下答案。

多合一題型

在實務上，專業知能面談題目若能從工作職責內容精準設定，充分整合，往往一道題目可包含多種題型，一魚四吃。以某企業的「薪酬管理主管」的職缺為例，這個職位是主管職位，公司想借重外部經驗，因此多數題目都以行為事例題目為基礎，搭配模式、工作知識題。例如：

「請問您是否執行過人力盤點作業，請簡述執行方式、您如何分析盤點？結果是否正確？您如何應用盤點結果？」

這道題目本身，運用了哪些題型？

答案是：行為事例題、模式題、工作知識題三合一。人力盤點作業是該職缺所需具備的基本工作知識，因此請應徵者描述執行、流程也等同模式題，詢問「結果和應用」則是融合行為事例題，應徵者若實際操作過，必定能答出，若無則反之。

再舉另一個例子，「人事行政專員」職缺，條件是在人資相關領域工作三年以上，工作職責主要是從事考勤跟薪資結算作業。面試中有一題情境題：

「請簡述公司之前使用的考勤系統，以及您如何使用這套系統作業？」

這道題目可否結合其他題型？答案是可以的。應徵者應具備實戰經，若將假設的工作情境題套用模式題、行為事例題更加分。例如改為：

「請描述考勤系統的使用流程，以及分享您過去如何維護和應用公司的考勤系統？」

接下來，我們來動手練習，以便熟悉多合一題型的應用方法。請詳讀下方面試題目，並在對應的軟性能力欄位中，分別以字母代號填入對應的題型：A 模式題、B 工作知識題、C 模擬題、D 情境題、E 行為事例題（可複選）。

圖表 3-10　專業知能面試題目案例－薪酬管理主管

五種專業知能題型	題目
範例 ABE	1. 請分享您在人資領域中最擅長的業務項目，簡述其作業流程、應注意之重點環節及法令規範。
	2. 請依您自身曾辦理過的招募專案，簡述其作業流程、應注意之重點環節及法令規範。
	3. 請說明薪酬制度中「薪點制」、「薪幅制」之差異，另簡述二項制度之調薪方式。
	4. 請簡要說明您規劃「薪酬福利相關制度」之經驗，簡述內容及作業流程。
	5. 請依工作經歷，說明薪資、獎金發放作業流程及應注意之環節。

五種專業知能題型	題目
	6. 請說明身為 HRM 人資管理專業人員應具備的專業素養及最應注意的面向為何。
	7. 請依您自身工作經驗，簡述貴公司人資管理系統及您如何使用這套系統管理相關業務。
	8. 請簡述您曾規劃辦理過大型活動，如何進行規劃及執行？
	9. 請就簡述新設海外據點時，如何設計其就地僱用人員之薪酬待遇標準，以及外派人員薪酬、福利制度。
	10. 請說明與工會協商及溝通之經驗，並簡述案件相關內容及與工會溝通時應注意之重點。
	11. 請問是否曾參與外部顧問公司舉辦之薪酬調查，其調查程序為何，您如何應用該項調查成果於人事作業中。
	12. 您是否曾辦理員工持股信託作業？請簡述相關環節及重點。
	13. 您是否有勞動條件檢查經驗？請簡要說明應注意事項？
	14. 請簡要說明您辦理公司員工獎懲作業流程？應注意重點？可以再精進部分？
	15. 請簡要說明您辦理勞工退休金（勞退新制）作業？應注意重點？可以再精進部分？

答案 1~5 題：ABE、ABE、B、AE、ABE；

6~10 題：BE、AE、E、B、BE；

11~15 題：ABE、BE、BE、ABE、BE。

題型深度分析

從上述「薪酬管理主管」職缺的題型演練，可以得出一項重點：題目必須根據工作職責、內容、比例和核心職能的需求「量身訂做」，因此，並非所有題型都會派上用場。

以薪酬管理的特性而言，由於其工作範疇極為廣泛，涉及薪酬體系的設計，因此模擬題佔較大比例，是主要的題目型態。考慮到薪酬管理的高度專業性與難度，幾乎每一題都算是工作知識題目。

值得注意的是，題庫中未包含模擬題，因為薪該職位較不是基層職位的技能，難以進行具有標準答案的測驗。鑑於薪酬管理體系的設計與實施極具敏感性，要求精確，也須合法合規，不容任何錯誤，因此情境題也沒有太大用處。最重要的是，題庫中的多數問題都整合了行為事例面談題目。因為主管職位最重視的就是實戰經驗和過往績效，我們可以得出一個結論：

好的行為事例題目，軟硬通吃，可同時確認應徵者確認二至三種職能，務必善加整合運用。

小結：專業知能面談題目五原則

專業知能面談題目有五個原則，只要掌握原則，就能大幅增加面試效度。

- 專業知能面談題目不必多，從五種題目型態當中任意選擇。
- 專業知能面談題目若要求應徵者以書面回答，可作專業測驗用途。
- 專業知能面談題目若包含模擬題目，可以達到技能檢定之效度。
- 如果根據軟性能力與硬性能力設計行為事例題目，專業知能面談同樣包含行為事例面談。
- 將行為事例面談題目與專業知能面談題目整合，7±2 題左右即足夠選對人。

3-4 活動：設計專業知能面談題目

↳ 目的：從簡要工作說明書設計面談題目，應用上述五大類型專業知能面談題目，融會貫通結合行為事例面談題目。本題可個人單獨進行，亦可小組進行，並搭配角色扮演演練面談。

↳ 所需時間：30 至 45 分鐘。

↳ 說明：根據你先前完成的 2-2 簡要工作說明書（頁數），盡可能應用上述五大類型，設計 5 道合適的專業知能題目，除了模式題以外，皆可結合行為事例題。

第____小組討論：設計專業知能面談題目

職稱		部門	
學歷			
經歷			

五項與工作職責相關的專業知能面談題目（請註明題目型態）			
1	職責		工作量%
	題目		題目型態
2	職責		工作量%
	題目		題目型態
3	職責		工作量%
	題目		題目型態
4	職責		工作量%
	題目		題目型態
5	職責		工作量%
	題目		題目型態

CHAPTER 4

展開面談的應用技巧

4-1 展開行為事例面談

4-2 面談前的準備工作

4-3 面談中的探詢技巧

4-4 面談中的察言觀色

1

展開行為事例面談

行為事例面談題目，雖然能夠深入探詢應徵者的內在世界，但容易實問虛答，許多應徵者都已經準備好「標準答案」。相對來說，專業知能面談題目，涉及特定領域的技術與知識，一翻兩瞪眼，若專業不足很難矇混過關。那麼，我們該怎麼讓行為事例面談題目發揮最大效益？

答案是：將行為事例面談題目「展開」。

本節我們學習 STAR 展開法，這是行為事例訪談法最最有效的展開問法。STAR 來自四個英文單字的首字縮寫：情境（Situation）、任務（Task）行動（Action）和結果（Result）。透過 STAR 的提問技巧，我們可以將行為事例題目進一步水平與垂直展開，從事件發生時的「情境」、當事人扮演的角色、從事什麼「任務」、實際採取的「行動」，最後達成什麼「成果」。讓我們能真正深入應徵者的價值觀、人格特質、動機和態度。

圖表 4-1　STAR 面試技巧原理

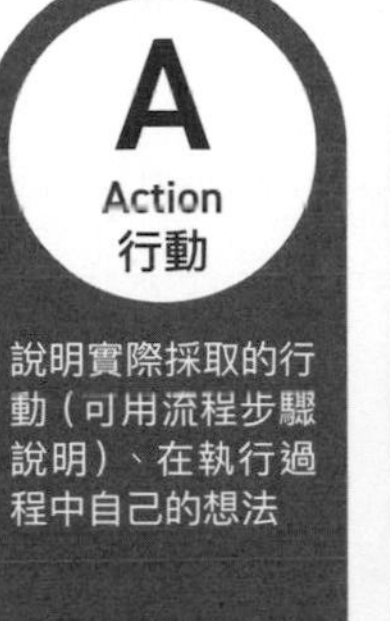

圖表 4-2　STAR 面試技巧展開方法

Situation 情境
- 事情是在什麼狀況下發生的？
- 發生的人事物分別為什麼？
- 發生這個事情的原因或背景是什麼？

Task 任務
- 我當時的工作或任務是什麼？
- 我需要達成什麼目的／成果？
- 執行過程中遇到什麼阻礙或困難？

Action 行動
- 我實際做了什麼事？
- 採取什麼行動？
- 我在執行過程中想法是什麼？

Result 結果
1. 最後的結果是什麼？
2. 有什麼成果？
3. 達到什麼目的？
4. 對公司、組織、同事等帶來哪些正面效益？
5. 我在這過程的學習是什麼？
6. 對我後續的影響是什麼？

STAR 就像一個「說故事」的基本架構，讓我們能將行為事例面談法發揮到極致，評估應徵者的專業深度，特性如下：

- 掌握具體細節：回答不同階段的具體行動，能更充分理解應徵者的實際經歷和思考邏輯，有助於更深入的評估。
- 探知成果績效：能深入了解應徵者在特定情境下的反應與成果，獲得對其專業深度的深刻洞察。
- 軟硬能力通吃：同時檢驗軟性和硬性能力，從外在行動探知內在特質。

整體來說，STAR 技巧為招募面談注入了更具客觀性和組織性的評估標準，有助於挖掘和確認應徵者的潛在價值。

接下來我們示範為「身心安頓」設計一道行為事例題目，運用 STAR 技巧漏斗式（funnel）層層切入展開。值得一提的是，在職場中擁有「身心安頓」的能力，有助於有效應對壓力和危機，確保工作順暢。

案例一 身心安頓

題目：您下班時間都做什麼運動？

回答：週末我會去打網球。

Situation 情境

- 打了多久？
- 多久打一次
- 什麼時候打？
- 在什麼地方打？
- 和誰一起打？

Task 任務

- 打網球會花費很高嗎？

Action 行動

- 為什麼喜歡打網球？

Result 結果

- 打網球給您什麼樣的啟示？
- 打網球帶給您什麼樣的滿足？
- 是否會鼓勵其他人一起打網球？

案例二 追求卓越

題目：在您過去的工作當中，您感覺到最有成就感的一件事是什麼？

回答：○○○

Situation 情境

- 這件事什麼時候發生？
- 這件事發生的背景為何？
- 這件事和其他部門、職員或專案有關嗎？

Task 任務

- 那時您為什麼要做這件事？
- 您當時扮演的角色為何？

Action 行動

- 您是如何完成這件事情？
- 這件事情花了多少時間或歷經多長的期間？
- 辦理這件事情是否有遭遇到什麼困擾，那時如何解決？

Result 結果

- 這件事情的結果如何？
- 您是否因為這件事情的結果獲得獎勵？
- 您為什麼會感到有成就感？
- 您從這件事情當中得到什麼心得或啟示？
- 您有沒有把這個心得應用在日後的工作當中？

面試題目演練

有一個電子產業的「軟體工程師」職缺，要求申請者需具有電機、電子或資工碩士以上學歷，並具有半導體或軟體系統廠三年以上相關工作經驗。首先，招募的 HR 人員設定了該職位需要一項軟性能力：「自我管理」，其對應的工作職責為「按時完成客戶軟體交付」，下列示範如何展開面談題目。

圖表 4-3　行為事例面試題目展開案例

電子產業軟體工程師	
STAR	能力：自我管理 題目：您是否曾被交辦交期時間很短的緊急案件？
S	1. 客戶的需求為何？請描述。
	2. 完成案件大概需要多少時程？當時接到案件時剩多少時間？
	3. 您評估這樣工作需要多少人力與時間，請說明。
T	4. 這項任務中您所擔任的角色為何？
	5. 這項任務中您所要達成的目標與成果為何？
A	6. 請說明您如何分配行動項目與時程規劃？
	7. 您在過程中是否有遇到困難？如何克服？
R	8. 您是否成功克服困難後，您的領悟與啟發為何？
	9. 您如何將這次學習到的經驗，套用在日後的類似情境中？
	10. 這項專案的結果如何？是否如期完成目標？

接下來請讀者實際演練兩道行為事例題目與展開的子題。請在欄位中，分別以字母代號題型對應的技巧：S 情境、T 任務、A 行動和 R 結果。

圖表 4-4　行為事例面談題目展開練習

第一題｜能力：創新導向	
STAR	題目：您是否曾經提出建議，改變已經行之有年的流程？ 回答：曾經有過，……。
S	1. 可否說明是哪種流程？
	2. 為什麼想改變它？
	3. 參與此流程改善的成員有哪些？
	4. 您在其中扮演的角色？
	5. 中間是否有遭遇到困難，如何因應？
A	6. 您提了怎樣的改善方法？
	7. 運用新流程後，有怎樣的改變呢？
	8. 關於這種流程改善，公司有給予任何方式的鼓勵措施嗎？
	9. 您有沒有繼續提出類似的流程改善建議？

第二題｜能力：合作協調、團隊意識	
STAR	題目：您過去的工作經驗中，曾參與過規模最大的專案是什麼？ 回答：我參與的專案是……
	1. 可以說明是哪類型的專案嗎？
	2. 這些專案所需配合的跨部門有哪些呢？
	3. 您是否直接和這些部門的哪些主管溝通協調？
	4. 什麼樣的情況讓您必須擔任此協調者？
	5. 中間有遇到怎樣的困難，當時您如何處理？
	6. 跨部門有不同聲音時您如何處理？
	7. 這樣的處理是否得到其它部門的認同？
	8. 整個專案最後有在既定時間完成嗎？效益為何？
	9. 您有因為這個專案達到目標而獲得任何口頭或實質獎勵嗎？

答案：第一題 SSSSTARRR、第二題 SSSTTAARR。

STAR 技巧要點

行為事例面談題目有限，展開無限，運用 STAR 手法層層展開，能夠將行為事例面談題目發揮極致。

在 STAR 技巧中的 S（情境）和 T（任務），主要用於了解事件的背景，重點回答即可，不需詢問過多細節。真正的重點是在特定情境下，採取了什麼行動並獲得了什麼樣的成果？也就是 A（行動）和 R（結果）。

「R（結果）」至關重要。因為光知道採取行動本身，不足以讓我們評估應徵者的專業深度，R 的提問要逐層深入，例如應徵者是如何解決問題的？在經驗中學到了什麼？是否為公司與客戶帶來卓越的績效？以及如何透過經驗學習，建立預防措施或優化機制以提升效能？才能充分發揮 STAR 的成果導向優勢。

4-1 活動：行為事例面談題目展開

↳ 目的：有能力擬定行為事例面談題目，並以 STAR 技巧向下展開至少十層，五活動可個人單獨進行，亦可小組進行並搭配角色扮演實地演練。

↳ 所需時間：30 至 45 分鐘。

↳ 說明：根據你先前完成的的簡要工作說明書（ ）頁，挑選一道題目，向下展開十層。若為小組練習，展開後可由組長擔任面試官，指定一位組員擔任應徵者，以角色扮演的方式現場演練面談題目的展開，並給予應徵者契合度的 1 至 10 的評分。

第____小組討論：設計專業知能面談題目（一）

<table>
<tr><td>職稱</td><td colspan="2"></td><td>部門</td><td></td></tr>
<tr><td>學歷</td><td colspan="4"></td></tr>
<tr><td>經歷</td><td colspan="4"></td></tr>
<tr><td colspan="5">展開一道行為事例面談題目，以便確認應徵者是否真的具備該項
軟性能力或勝任該項工作職責。</td></tr>
<tr><td>軟性能力</td><td></td><td>工作職責</td><td colspan="2"></td></tr>
<tr><td>面談題目</td><td colspan="4"></td></tr>
<tr><td>回答</td><td colspan="4">我的確有這樣的經驗。</td></tr>
</table>

第____小組討論：設計專業知能面談題目（二）

1	
2	
3	
4	
5	
6	
7	
8	
9	
10	

2
面談前的準備工作

面談前，你做好萬全準備了嗎？面談是一項專業工作，避免臨場發揮，準備越充分，就越能提高找到適任人才的效率。HR 在這個過程中扮演著關鍵角色，負責協助、引導主管，準備好行為事例和專業知能的面談題目。以下是面談前的準備步驟三部曲。

面談前首部曲：設計面談題目與排序

- **原則 1**：專業知能面談題目十行為事例面談題目，7±2 題左右足夠選對人。

根據職位說明書的工作職責，從職能字典挑選符合的三至五項關鍵軟性能力，由此設計行為事例與專業知能的面談題目。如果公司已經建立題庫，可以直接從題庫撈起適用題目，若尚未建立，HR 可在設計題目的過程中，逐步幫公司建立一套完整的面試題庫。

・**原則 2**：面談順序專業知能面談題目在前，行為事例面談題目在後。

初試時安排專業測驗（如：模擬題），若應徵者專業知能題目沒有過關，就無須浪費時間。行為事例面談題目適合安排在後，因為展開較花時間。

面談時發現答非所問，可提早結束面談，但是基於禮儀，請至少面談 20 分鐘，避免讓應徵者感覺招之即來，揮之即去，留下負面評價，傷害雇主品牌。

面談前二部曲：選擇面談方式與安排時間

・**原則 1**：設計面談流程，儘量安排小組面談，面談後當場整合面試官意見，計算能力供需契合度，以 1 至 10 分評量，做出決策。

面談建議由二到三位面試官組成面談小組，以多對一的方式，同時面談一位應徵者，節省時間、深入展開、又能互相切磋面談技巧與提升決策品質。面談成員建議為直接主管、熟悉職缺的資深或相依員工，人資人員和第二層主管可是情況加入。

・**原則2**：一般員工之職缺，面談時間以30分鐘至60分鐘為宜。

面談時間分配，開場寒暄約 3 至 5 分鐘；面談 20 分鐘至 50 分鐘，莫短於 20 分鐘；最後面試官回答應徵者提問約 5 分鐘。若面談搭配其他甄選方法，如：專業測驗，面談的時間可以縮短。注意面談不宜超過午餐時間。

越是希望考慮錄用的人選，面談題目的展開會越深入，若職缺的層級和重要性越高，需要確認的能力較廣且深，面談時間通常需要一個小時以上，建議預留足夠的彈性時間為宜。

面談前三部曲：進門前準備

・**原則1**：準時赴約，避免打擾，事前複習職位說明書與應徵者履歷資料。

面談小組成員必須準時到達面談室，不宜讓應徵者等候，避免傷害雇主品牌。HR 事前需提醒面試成員，先安排職務代理人，在面談時避免電話、訪客、會議或突發事件的干擾。面談開始前半小時，記得再次複習職位說明書與當日應徵者履歷資料，避免倉促上陣，提問不當，準備好服裝儀容，即可迎接應徵者。

圖表 4–5　面談前的準備事項

整理服裝儀容

閱讀求職者履歷資料

閱讀職位說明書

摒除一切干擾

安排職務代理人

預留足夠面談時間

選擇面談舉辦方式

安排面談題目順序

設計或選擇面談題目

面談中 HR 的角色與貢獻

HR 的角色是公司內部的引導者，除了重要職位、高階主管職位以外，未必要參與所有的面談。在面談前，HR 要確認主管與其他面試官，已充分了解應徵者的履歷資訊，避免一問三不知。事前可協助主管設計簡要工作説明書、設計專業知能和行為事例面談題目，問對問題，效率倍增。

HR 的任務包含協調面談流程、方式、面談小組時間，並發布流程通知給面談小組成員，於面談後立即整合意見做出決策。在招募甄選的過程中，HR 需要確保每位應徵者都受到平等對待、體驗良好，以及面試題目和評量標準的公平性，HR 的貢獻在於維護公司雇主品牌，提高公司在市場上的聲譽與形象。

結束面談後，HR 也需要管理和保存文件，確保公司符合法規要求，同時將資料建檔為招募資料庫，供日後使用。

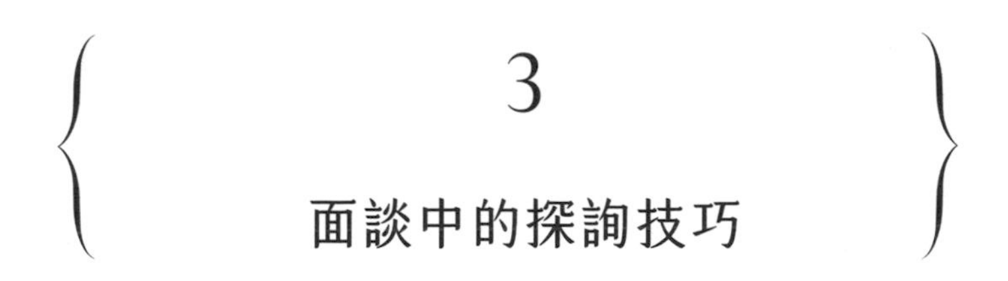

3 面談中的探詢技巧

・開場技巧

三步驟：自我介紹、表達歡迎、簡短寒暄

進門後，面試官首先面露微笑，表達歡迎，感謝百忙當中撥冗接受面談。自我介紹自己的部門、職稱、姓名，簡短寒暄三至五分鐘，簡單聊天氣或交通等話題，消除初見面時的緊張情緒。

・發問技巧

三要領：依序發問、不亢不卑、掌握主題

提問時，根據預先設計好的題目依序發問，每道題目水平與垂直展開，避免實問虛答。語氣宜不亢不卑，不宜過度權威，也毋需過度卑微、迎合。若應徵者答非所問、轉移話題或越說越遠，請以應徵者所瞭解的層次，改變發問的方式，掌握主題和節奏，引導應徵者回到正題。

・傾聽技巧

三不一要口訣：不要高談闊論、不要眼神忽略、
不要交頭接耳；要筆記重點

面試官不要高談闊論，獨佔話題，應耐心傾聽，非離題過遠不予打斷或插入無關的話題。傾聽時保持眼光接觸，不要一直低頭看資料，觀察應徵者的健康、儀容、言談、舉止與使用詞彙。若面試官為兩人或以上時，避免在面談中交頭接耳，以免應徵者覺得被品頭論足。

面談中可以徵詢應徵者是否同意寫筆記重點，但請勿談話時不斷低頭寫筆記，或因寫筆記而中斷談話，以免應徵者因疑慮而回答有所保留。筆記可記錄面談重點，逐項根據能力供需契合度為應徵者評分。

・態度舉止
三提示：鼓勵發問、充分回答、主動行銷

完成必要的面試問題後，若考慮錄用，面試官應主動鼓勵應徵者提出問題。例如，可以在面談結束前問應徵者：

「是否有我們尚未談到，但會影響你決定是否加入我們公司的問題？」

通常，我們會鼓勵應徵者，針對仍不清楚或有疑慮的方面提出問題，實際經驗顯示，若應徵者缺乏提問的意願，可能表示對該職位的興趣較低。對於應徵者主動提出的問題，HR 應事先確保面試小組成員有能力提供詳細回答，包括未來職業發展機會、學習成長計畫、公司文化和團隊氛圍等。

有時應徵者可能想了解開出職缺的原因，該職缺是離職遞補、轉調、晉升還是擴編？若是離職遞補，前任離職的原因是什麼？這些提問應充分回答，給予正確資訊，以消除應徵者的疑慮。

最後，記得公司在篩選應徵者，應徵者也在挑選雇主，好的面試應該 50% 評估應徵者，50% 向應徵者行銷公司的雇主品牌。因此，面試官應該主動、正面以數據行銷公司、部門與工作。

結束面談前，若已決定錄取或考慮錄取之應徵者，或可主動給予名片，同時向應徵者索取名片，以便建立關係，爭取應徵者接受聘書。不過此作法有潛在風險，若最終未獲得錄取，可能會引起不必要的麻煩，須視情況謹慎考量後決定。

小練習

名片給不給？

面試官在面談過程中，是否應向求職者索取名片，以便確認求職者的職稱？面試官是否也需要給求職者名片，取代自我介紹？這樣做的好處與壞處為何？

一般面談的標準流程中，由人資部門的招募人員擔任統一窗口，不進行私下的往來，以確保雙方的權益，同時避免未來可能產生的爭議。這種做法有幾個優點：首先，作為招募的人資專業人員，擁有高度敏感度和豐富經驗，能夠熟練應對各種情境，並在不錄用的情況下提供應徵者標準的反饋。其次，由人資部門統一進行聯繫，能確保面試遵循標準的流程和制度公正透明，避免私下來往可能引起的爭議。

至於是否該索取個人名片？雖然交換名片可拉近雙方距離，但有潛在風險，若是過度積極的應徵者，可能在日後不斷聯繫面試主管，造成過多打擾。此外，給予名片可能會讓應徵者產生過高的期望，可能導致後續未錄取的不愉快。名片給不給？應謹慎評估。

4

面談中的察言觀色

在短短一個小時的面談過程，為了深入了解應徵者的不同面向，除了談話內容以外，也要觀察健康狀態、服裝儀容、言談舉止、肢體語言，以及最為重要的「氣質」或「正能量」，這些特質代表一個人的整體形象、價值觀和潛在態度。

例如，一個穿著適當、符合職場環境的服裝的應徵者，不僅讓人留下良好的第一印象，也反映了他對工作場合的尊重與配合程度。若穿著奇裝異服或自我風格過於強烈，該位應徵者可能不合適從事需要「合作協調」、「團隊意識」軟性能力的職位，以下為觀察參考指標：

・健康狀態

健康是所有工作的基礎，良好的精神狀態和身體狀況，反映了應徵者是否能夠在工作中保持一定水準的工作表現與積極態度，有幾種方式可觀察：

觀察「氣色」判斷生理健康，面容枯槁，可代表長期身體免疫力不佳。

觀察「行為」判斷心理健康，若在面談中出現過於激烈的情緒起伏，可能目前身心狀況不穩定，要適應新職場並非易事。

・服裝儀容

服裝透露了一個人的行事作風，應以整齊、端莊與舒服為宜。奇裝異服可能代表此人特立獨行，難與他人組成團隊；不修邊幅者，可能代表大而化之、不拘小節，不適合謹慎細心的工作。分享一個我多年觀察累積的心得，通常服裝越接近該職場同仁者，越能融入團隊、適應環境。各位讀者不妨參考看看。

儀容方面，除了某些特定職位對儀容有特殊要求，例如空服員。應徵者的儀容如頭髮、化妝、指甲、皮鞋等以乾淨清潔、簡單樸素為宜。濃裝艷抹者，可能生活過於奢華，難以融入他人；蓬頭垢面者，可能衛生習慣不好，自我管理能力欠佳，影響周遭同事的士氣以及客戶的觀感。

・言談舉止

言談舉止展現應徵者表達説服、溝通和團隊協調的軟性能力，是評估應徵者人際關係能力的重要依據。舉止則是一個人的肢體語言，以自然、得體為佳。以下有幾個參考指標：

言之有物：引經據典、分享經驗、舉例説明、讓數字説話，展現專業職能、知識與技巧等硬性能力，也展現正直誠實軟性能力。

言之有理：説話流暢、條理分明、段落停頓，比較能夠讓他人聽懂，展現組織計畫、分析推理、表達説服、溝通等軟性能力。

言之有力：音調有高低、抑揚頓挫，音量足夠者，比較能夠讓他人正確傾聽、自信心。

・氣質 vs. 長相

「氣質」與「長相」往往被混為一談，其實兩者大不相同。「長相」指的是外貌特徵，包括身材、五官等因素，如高矮、胖瘦、美醜、以及服裝打扮等外在因素，這些是直觀的表面特徵。

相對而言，「氣質」是一種由內而外散發的吸引力，某種程度上，氣質是軟性能力從個人內在外顯出來的體現，我們可以透過服裝、儀容、言談和舉止的觀察來感知。因此，氣質更注重個人內在特質，而非單純外表因素。

舉例來說，假設有兩位應徵者，他們外在條件的長相十分相似，五官端正，也穿著整齊，但「氣質」卻有顯著差異，例如，應徵者 A 在面談中展現出自信、冷靜和積極的態度，使人感到舒適和受到尊重。應徵者 B 乍看條件相同，但言談舉止緊張和缺乏自信，也缺乏積極的態度，讓人難以建立深入的聯繫。這個案例突顯了「氣質」是由內在特質，透過言談舉止中散發出來，進而影響人與人之間的交往和印象。

肢體語言的重要

美國心理學家麥拉賓（Albert Mehrabian）曾提出「溝通」有三個要素：說話的語彙內容、語調，以及非語言行為，三者一致才能達成有效的溝通。其中 55% 被接收的溝通訊息是來自肢體語言，也就是透過眼神、臉部表情、手部動作與身體語言表達，換句話說，我們在不知不覺當中持續對外界發送自己情感，也接收他人的情感。

圖表 4–6　肢體語言的特徵與可能意義

肢體語言的特徵與可能意義		
眉眼	眉毛上揚	不舒服的訊號
	目光迴避 / 接觸眼睛	眼光接觸是感興趣（正面或負面），眼光迴避是心中有些事不能透露
	眼神渙散	健康欠佳、作息不正常或吸毒
	揉眼睛、看手錶	興趣缺缺、想結束面談
	注視你的眼睛過久	可能說謊
	眼角沒有波動	皮笑肉不笑，沒有真心認同你的話
表情	與你一起笑	表示話已投機
	皺眉頭、搖頭、歪嘴	心中不以為然
	容易感動或激動掉淚	身心焦慮、憂鬱
身體	翹腿	內心感到抵抗與低接受度
	抖腿	表示內在的不安
	不自覺模仿你的肢體語言	表示雙方話已投機
	擴肩（顯露權威感）	顯示領導慾
	雙手在胸前交叉	心中有些不安、防衛、抵抗
聲音	或高或低	表示感興趣
反應	遲疑、思考過久	沒有答案或想迎合面試官
	不斷地變換身體姿勢	心中有些焦躁或不以為然

面談中的觀察—臉部表情

我們常用成語來描述人的表情、舉止、神情和精神狀態，這些簡潔而富有意象的成語，反映了從古至今的普世人性和價值觀。我們可以藉由成語來判斷一個人的內在特質。

圖表 4–7　臉部表情、神情與精神分類

正面意涵的表情
滿面春風、眼光如炬、炯炯有神、眉開眼笑、眉歡眼笑、笑逐顏開、笑口常開、眉飛色舞、眉飛目舞、心曠神怡、心爽神怡、聚精會神、全神貫注、手舞足蹈。
負面意涵的表情
愁眉苦臉、臉紅耳赤、面紅耳熱、六神無主、心神不寧、手忙腳亂、手足無措。
正面意涵的神情與精神
心平氣和、平心靜氣、氣宇軒昂、神采奕奕、神氣活現、神色自若、氣定神閒、精神抖擻、心安理得、悠然自得、泰然自若。
負面意涵的神情與精神
過度自信：趾高氣昂、血氣方剛、理直氣壯、盛氣凌人、老氣橫秋。

僱用「正能量」的人

應徵者的「正面態度」，或用時下流行的說法「正能量」非常重要，近年有許多關於正面態度的影響力研究，顯示正面態度不僅是一個人的積極態度，還包括他們在處理挑戰和壓力時的應對能力、積極、樂觀的軟性能力，能夠促進工作效率，為團隊帶來正面效益。

美國著名的精神科醫師大衛霍金斯（David Hawkins）博士研究顯示，每個人振動頻率在二百以上，就不容易生病，維持振動頻率二百以上的意念，不外乎幫助、關懷別人，靜定安樂，振動頻率可高達四百到五百，是很高的振動頻率。遇事就指責對方、怨恨他人的過程中，會消耗許多能量，振頻很低。

商業管理暢銷作者 Tony J. Hughes 曾提出一個公式：

職場工作場所價值 = 正面影響的程度 × 提供的結果

Work Place Value = Degree of Positive Influence × Results Delivered

他曾說：「學歷、知識、技能、經驗、智慧等並沒有出現在這個公式。因為這些都是你能夠在職位上扮演你的角色的先備條件，換句話說，這些只是入場券。一個人的工作場所價值，來自他帶來的正面影響的程度和結果，非常簡單明白的事實。」

正面能量的員工，能夠影響整個空間的人事物，讓整體環境蓬勃發展。相對地，低頻率、負面能量的人，不僅容易傷害自己，還會擾亂整個環境，降低士氣。因此，僱用正面態度的人，也就是振動頻率較高的人，他會以共振的方式傳遞正面能量給周遭的人，創造了更具生產力和團隊精神的職場環境。

CHAPTER 5

面談後的徵信調查

5-1 徵信調查的照會步驟

5-2 徵信調查的照會技巧

5-3 徵信調查的查證內容

5-4 徵信調查的後續處理

1
徵信調查的照會步驟

路遙知馬力，日久見人心，即便行為事例面談已是效度高的面談法，但短短一個小時左右，總免不了有所遺漏，為了降低面試時的誤判，做好錄取前的最後把關，我們需要最後一個招募甄選的步驟：徵信調查（Reference Check），或俗稱的「照會」。

徵信調查通常發生在面談後，為了確認應徵者提供的資料真實性，或想進一步了解應徵者的人格特質，在徵得應徵者同意後，聯絡應徵者前公司主管、同事或人資部門，探詢個人經歷與工作表現。目的在於透過事實核對與資訊補充，對應徵者做出適任度的評價，避免招募到惡意造假、隱瞞事實的詐騙應徵者，降低雇用人力的風險。

徵信調查是一項高難度、高技巧，且需謹慎小心的工作，不僅需要公司雇主品牌本身誠信良好，人資部門平時也要和其他公司相關部門保持良好關係，並注意法令規定與職業倫理，避免侵害應徵者的權益，連帶損害公司的形象與權益。

照會前準備工作

當公司招募人才時，人資部門是對外窗口。因此，由人資部門負責執行公司徵信調查的照會行動最為適切。HR是穿針引線的關鍵人物，除了要主動出擊，平時也要接受其他公司的照會，禮尚往來。

HR平時要廣結善緣，多多參加行業別或地區別的人力資源聯誼會、進修課程，或專業的人力資源協會，認識其他公司的人力資源人員，在通訊軟體與社交媒體上保持聯繫。養兵千日，用在一時，日後可以直接或輾轉找到應徵者以前服務公司的人資部門，執行照會。

照會時，最好由HR主管或資深人員執行，因為需要相當的交情與技巧，也必須謹記遵守個資法相關規定。通常，HR先照會應徵者以前服務公司的人資部門，再由其人資部門轉介給應徵者以前的直屬主管。記住，若要直接打電話給應徵者以前的直屬主管，需要取得應徵者同意。

根據個資法規定，執行徵信調查必須要事先取得應徵者的同意，並說明蒐集的目的，調查的內容符合必要性、合理性，詢問「和工作有關」的資訊。一般的徵信調查項目包含工作年資（起訖時間）、最後職位（組織定位、職稱、工作項目、離職原因）、工作績效（整體績效、績效等第、排名、優異表現、獎勵等），其中最重要的一個項目是「雇用建議」，建議HR不妨單刀直入詢問：「若我們用錄用該名人才，是否有我們應該注意的地方？」

通常我們誠心發問，對方也會據實以答。

事前鎖定照會對象

前直屬主管就是最佳照會對象，因為朝夕相處，經過長時間、近距離的觀察，最能提供真實的照會內容。HR只要把握好一個原則：前直屬主管是最佳照會對象，曾在該職位三至五年的前主管尤佳。

一般來說，在職中的應徵者會要求避免照會目前公司人員，以免跳槽的行動曝光，處境尷尬。因此，若有必要照會應徵者目前直屬主管，必須事先取得同意。有些公司會答應應徵者，暫時不對其服務的公司作徵信調查，但當應徵者被錄取、報到之後，公司將對員工的「前」公司展開徵信調查，如果發現誠信問題，即依法終止勞動契約，不會因員工已報到而網開一面。

理想上的照會對象是曾在該職位三至五年的前主管，如果任職時間超過十年前，較難提供符合現況的照會內容。

面試中取得直屬主管聯絡電話

通常一個胸有成竹，有備而來的應徵者，會在履歷表或工作申請書的推薦人或推薦照會對象上主動提供前直屬主管的姓名、現職與聯絡電話；反之，如果履歷表或工作申請書上未見任何一位服務公司的直屬主管（現任或前任），人資部門最好提高警覺。若應徵者與以前直屬主管相處不甚愉快，通常只會提供同事、部屬或其他主管作為照會對象，必須進一步探索其離職原因，應徵者若推薦師長、同學或親朋好友，不值一談，他們無法提供照會所需的客觀性。

面試的過程中，可先透過幾個簡單的問題，觀察應徵者的反應，只要有一絲的懷疑，就必須做進一步的徵信調查：

- 您是否可以提供三至四位過去主管姓名，方便我進一步瞭解您在公司的表現？
- 您過去的主管現職為何？您有他的聯絡電話嗎？
- 您上次與前主管聯絡是多久以前的事？是為了什麼事與他聯絡？

2

徵信調查的查證內容

想要全面了解應徵者過去的工作表現，以客觀的角度評估其軟、硬性能力及態度，我們可以透過以下的基本查證項目，深入挖掘候選人的潛在價值，評估其適任程度，從而提高招募成功的機會。

下面總共列出 11 個查證項目，通常在進行照會時，只需挑選 3 至 5 個最重要的項目進行查證即可，其他的項目可視情況斟酌加入。若問題過多，有時可能會給對方帶來壓力，甚至招致拒絕，因此必須謹慎評估整體時間，以免過長。

1. 工作年資

   工作的起訖時間，是甄選人才的第一步驟，確認候選人的工作經歷與履歷是否一致。

2. 最後職位

   詢問職稱、工作項目等應徵者的角色和貢獻，有助於評估合適度。

3. 最後薪酬

   了解應徵者的最後薪酬，有助於確定他們的薪資期望和市場行情。

4. 工作績效

   詢問整體績效、績效等第、績效排名、優異表現、以及是否獲得獎勵等。

5. 訓練發展

   工作中進修記錄和特殊訓練紀錄，可展現應徵者的主動積極的學習態度。

6. 硬性能力

   探問應徵者的專業能力、證照和資格證明等，確定其在特定領域的專業水平。

7. 人際能力

   應徵者與上司、同事、部屬之間關係，可了解其團隊協作和溝通能力。

8. 軟性能力

   詢問態度、價值觀、動機和特質等方面的問題，有助於評估應徵者的適應度和整體素質。

9. 健康情形

   了解候選人的生、心理健康狀況，確保其能夠履行工作職責。

10. 雇用建議

    詢問是否建議雇用應徵者，以及是否考慮重新雇用？

照會人選

挑選照會對象，我們可以選擇應徵者前公司的直屬主管、人資部門、同事部屬以及其他主管。以工作年資和最後薪酬而言，人資部門是最佳人選。其他方面，前直屬主管是最佳照會對象，曾在該職位三至五年的前主管尤佳。

圖表 5–1　徵信調查的照會對象

照會項目	直屬主管	人資部門	同事部屬	其他主管
工作年資	次佳	・最佳		
最後職位	・最佳	次佳	次佳	
最後薪酬	次佳	・最佳		
工作績效	・最佳	次佳	次佳	
訓練發展	・最佳	次佳	次佳	
硬性能力	・最佳	次佳	次佳	次佳
人際能力	・最佳	次佳	次佳	次佳
軟性能力	・最佳	次佳	次佳	次佳
健康情形	・最佳	次佳	次佳	
雇用建議	・最佳	次佳	次佳	

3

徵信調查的照會技巧

徵信調查時，可遵循五個重要步驟，以確保照會的完整性和有效性。這五個步驟分別是：

1. 開場：這是徵信調查的開始階段，要在這個階段建立友好、開放的氛圍。向對方介紹自己、說明調查的目的，告知對方調查是在合法範圍內進行。
2. 破冰：透過輕鬆的話題打破僵局，營造輕鬆自在的氣氛，讓對方感到舒適、更願意合作，有助於後續調查的進行。
3. 查證：核心步驟，透過具體的問題對應徵者的履歷、經歷、工作表現等方面進行查證，以及個人特質、團隊合作、解決問題能力等方面進行更深入的核實，確認資料的真實性，獲得更多有價值的資訊。
4. 探詢：有技巧地追問可能被迴避的問題，同時注意對方回答的停頓、語調、口氣等線索，避免中途插話。
5. 結論：確保所有的資訊無誤，並詢問雇用建議。同時，向對方表示感謝，並再次強調調查的合法性和保密性。

圖表 5-2　徵信調查進行步驟

徵信調查五步驟	
開場	1. 電話中表明自己身份及來意，明確告知對方自己的公司、職稱與姓名以及打電話來的目的。
	2. 詢問對方時間是否方便？可直接照會或另約時間照會。對方上班時間的前三十分鐘，是最能靜下心來接受照會的時段。
	3. 告知對方應徵者的姓名與者目前應徵的職位，好讓對方可以就事論事提供雇用決策所需的資料。
	4. 告知是應徵者在履歷表、工作申請書或面試，主動提供以前直屬主管的姓名、現職與聯絡電話。
	5. 告知應徵者已經簽署「蒐集、處理及利用個人資料同意書」，同意照會以前的直屬主管。
破冰	6. 向對方說明所有取得資料都將妥善保存、絕對保密，並且表明投桃報李，未來願意接受對方的照會。
	7. 如果一直無法取得對方的信任，不妨將你的電話給他，請他打過來查證，或者先給對方一點時間查證公司之後再電話聯繫。
	8. 盡量尋找可以縮短彼此距離的著力點，比如說共同的朋友、同事或相同的興趣，甚至小孩在同一所學校就讀等，都能夠讓對方比較願意把你當作朋友一樣的坦誠以對，進而告知事實真相。
查證	查證項目未必每一項都能問到，但務必把握重點核實項目：工作年資、最後職位、工作績效、軟性能力。 ✔工作年資：工作的起訖時間 ✔最後職位：組織定位、職稱、工作項目、離職原因 最後薪酬：月薪、年度全薪 ✔工作績效：整體績效、績效等第、排名、優異表現、獲得獎勵 訓練發展：工作中進修記錄、工作相關特殊訓練 硬性能力：專業能力、專業執照、證照、資格證明 人際能力：與上司、同事、部屬相處之關係 ✔軟性能力：態度、價值、動機、特質 健康情形：生理健康、生理健康

徵信調查五步驟	
探詢	9. 當對方在敘述時，不要中途插話，一旦被打斷後可能對方就不願再繼續原來的話題了。
	10. 如果你覺得對方似乎有意迴避某些問題時，應該窮而不捨的探詢，並誠懇地告知對方；你之所以如此鍥而不捨，無非是希望確定這個錄用決定對於公司及應徵者雙方都是最合適的選擇。
	11. 注意你問完問題後，對方回答前停頓的時間長短，以及回答內容的長短、語調及口氣。他必須不時的清喉嚨嗎？支支吾吾的嗎？他邊講邊思索最恰當的措詞與修飾嗎？這些都是值得細心留意的線索。
結論	12. 尋求雇用建議：是否建議我們雇用？是否重新考慮雇用？如果對方給你一些模擬兩可的回答，或者無關緊要的訊息，這時你可以歸納以下的結論，迫使對方不得不做出明確的選擇，例如： 「依據我們剛才的對話來看，您似乎對於這位應徵者的整體評價並不高。」 「如果我沒有理解錯誤，就我們剛才的對話內容聽來，您願意推薦這名應徵者？」 13. 結束前記得再問一句：如果有機會，您還願意再僱用這位人員嗎？如果不會，原因為何？

徵信調查的問卷設計

問卷設計可根據職位需求，參照上一節「徵信調查的照會內容」，挑選 3 至 5 項關鍵問題，設計出結構性的調查問卷，便能有效評估應徵者的能力契合度。

以下我們將實際示範徵信調查的模擬對話，這是一通由 HR 的招募人員聯絡應徵者的前公司人資部門的電話照會，該應徵者應徵的職位是「業務部主管」，讓我們看如何實際應用。

開場

人資：您好，我是○○○公司人資部門的職員○○○，我們公司正在進行業務部門主管的招募甄選程序，希望能向您請教照會一位前任員工的資料。請問您現在方便嗎？怎麼稱呼呢？

對方：好的。我姓王，請問有什麼需要我協助的？

人資：感謝，我們公司正在考慮聘用的是○○○，他曾在貴公司擔任業務部門主管，我希望能了解一些有關他工作表現的資訊。方便請教您嗎？

對方：請問有徵詢○○○的同意嗎？

人資：○○○在面談時，有向我們主動提供貴公司的聯繫方式，也有簽署「蒐集、處理及利用個人資料同意書」。我向您保證，所有提供的資料都會被妥善保存，絕對保密。同時，我們也樂於未來回報任何您想確認的資訊。

對方：好的，我可以回答我知道的，有些問題詢問主管較為合適，我再幫您代為轉達。

查證

人資：非常感謝，想請教他在貴公司的工作期間擔任的職位，以及起訖時間是何時？

對方：他在我們公司工作了大約三年，其中有兩年是擔任業務部門主管的職位，今年八月離職。

人資：請問最後職位和離職原因是什麼？

對方：○○○在我們公司的最後一份職位是業務部門主管，負責團隊管理和業績達成，離職的原因是他決定尋找新的挑戰和機會。

人資：您覺得○○○身為業務部主管，是否擁有「價值判斷」和

「創新導向」的能力，判斷各種方案的優劣價值，主動提出新的銷售方案，帶領團隊進步呢？

對方：他在這方面能力很出色。

探詢

人資：非常感謝您的說明。我們也想知道○○○的最後薪酬的情況。

對方：這個我不方便透露，我要先知會主管。

人資：沒關係，再麻煩您轉告主管，若方便我後續再來電詢問。那我方便了解一下他在貴公司的工作績效嗎？

對方：○○○整體績效表現良好，評定為優秀，也曾經在團隊中排名前三，在某次促銷活動中表現優異獲得了公司的獎勵，時常拿到業績獎金。

人資：聽起來他有達成很高的績效，他的年度全薪應該有符合或稍微高於市場既有行情對嗎？

對方：可以這麼說。

結論

人資：非常感謝您提供這麼詳盡的資訊，您對○○○的整體評價聽起來很正面，有什麼我們需要注意的地方嗎？

對方：嗯……我想一下。

人資：請教這件事的原因，是希望確定這個錄用決定對公司及○○○雙方都是最合適的選擇，我們保證會保密您與公司的意見。

對方：他在工作上確實表現得非常出色，效率高，專業能力也沒話說。但他的說話方式相對直接，有時可能會讓下屬感到有些嚴厲。

人資：謝謝您的提醒，我們會注意。如果未來有機會，貴公司是否願意再次與○○○合作？

對方：應該會，他的能力和貢獻是明顯的，只要在溝通方式上稍微調整，相信可以更好地融入團隊。

人資：感謝您的肯定和建議，這對我們非常有價值。如果您有任何其他需要提及的事項，請隨時告訴我。再次感謝您的協助。

考慮到不同職位的能力需求差異，每份徵信調查問卷都應量身訂做。在面試後，每位應徵者需要查證的資歷焦點也各異，建議使用電話徵信調查，不僅節省時間，還能取得對方不願以書面提供的資訊。

完成調查後，立即填寫徵信調查報告，確保資訊的及時性。

小練習

以你的簡要工作說明書的職缺內容（頁數），動手設計一份徵信調查的簡要表單。列出開場破冰、查證項目、探詢（特定事項）、結論。

4

徵信調查的後續處理

報告判讀

為了避免一面之辭，請各位 HR 記得關鍵職位的照會對象至少要二至三人以上；一般職位需要一至二人。綜合判斷照會對象所提供的資料，來決定是否錄取。關鍵職位的照會，必要時人資部門可以親訪照會對象。

大多數的人都有隱惡揚善的傾向，避免不必要的麻煩，因此照會對象所提供的資料通常是正面的，如果取得負面資料，必須判斷照會對象與應徵者是否理念不合？是否有偏見？另外，不要忽視照會對象所提供的負面資料，願意講出來，背後都有值得探究的原因。

報告保存

徵信調查報告必須絕對保密，若因徵信調查報告不支持，導致應徵者最後沒有獲得錄用，應徵者發現之後，會怪罪或遷怒資訊的提供者，也就是照會對象。即便因徵信調查報告支持該名應徵者，使之獲得錄用，也不宜讓一般員工知道徵信調查報告內容。因報告內容總會有褒有貶，每個人都不喜歡別人在背後指指點點。

最後，徵信調查報告是否要放進人事檔案？答案是有利有弊，見仁見智。在人事檔案建檔的好處在於人事檔案才會完整，可供日後使用，但壞處是萬一報告內容洩漏，後果堪虞，務必做好保密措施。

不宜封殺理念不合的前員工

所謂「理念不合」是因為員工個人的價值觀、信念、經驗、背景、喜好、行為等等與主管不同，不為主管所喜愛。「理念不合」常常導致員工自請離職或被迫去職，不歡而散。

有些公司主管會因為理念不合，在該員工離開後到其他公司求職，對方公司進行照會之際，給予負面的評價，封殺前員工，導致前員工沒有被錄取。這樣一來，離開的員工因此對前公司怨恨更深，一報還一報，也給前公司負評，重傷了前公司的員工關係與雇主品牌。

其實「理念不合」並不代表員工不能勝任工作，天生我才必有用，每個人都有自己合適的職位，若員工離開後順利找到理念契合的工作，「前」公司宜樂觀其成，不宜封殺員工。接到照會時，若公司不想給予離開的員工正面評價，可以按照服務證明書內容，提供「勞工在事業單位內所擔任之職務、工作性質、工作年資及工資」資訊之後，告知對方 no comment（不予評論），大可不必傷害因理念不合而離開的員工。

小結

徵信調查在招募甄選過程中扮演著重要的角色，透過多方照會，HR 能夠獲取更全面、客觀的資訊，幫公司挑選到適合的人才，避免用錯人的風險，節省不必要的招募成本。對於高階、關鍵的職位，徵信調查不僅絕對必要，也應更為深入，不僅要查核資歷，更要確認此人的態度、價值觀、人格特質與品格等軟性能力。

整體來說，徵信調查是招募過程中不可或缺的一環，有助於維護雇主品牌的聲譽、評估員工的素質和潛在價值。

總結

首先，由衷恭喜各位讀者，完成了本書的閱讀任務。我們可一起透過下列四個指標，來回顧並評估你在這段學習旅程中所取得的成果：

一、認識：認識「招募甄選」整體流程的架構，並且熟悉「招募甄選」架構當中每一個步驟的要領。

二、學習：盤點、整合並優化公司線上線下的招募管道與善用雇主品牌；學習設計簡要的工作說明書；根據簡要的工作說明書，設計行為事例面談題目和專業知能面談題目，整合成為一套面談題目組件（package），累積面談題目成為題庫。

三、應用：展開行為事例面談題目與專業職能面談題目，透過角色扮演進行面談演練，應用面談的探詢技巧與察言觀色；設計並執行面談後的徵信調查，落實招募面談。

四、結果：新進員工報到之後，評估三個月內的離職率和一年以內的離職率，進行招募甄選的修正與改善，有效提升個人的招募甄選績效，進而提升組織的招募甄選績效。

選才是一門深厚的學問，其核心在於實踐「適才適所」，讓合適的人才能夠在相應的職缺中充分發揮所長。透過本書的深入學習，讀者將能掌握正確的招募甄選流程，運用「行為事例面談題目」方法，提高面談的效度，從而有效降低離職率，保留並持續吸引優秀員工，為公司帶來更多正面效益。

當你融會貫通本書的核心技能，就可以循序漸進在你的工作領域，學以致用，並體會到行為事例面談題目的威力！切莫忘記，招募甄選流程的完善與優化，需要人資部門人員與用人部門主管同心協力，共同努力，持續改善，招募甄選才能夠真正步上軌道，並且可長可久。

最後，祝福我們都能在招募甄選的過程中，找到合適的人才，為雙方帶來更多價值與成就，實現「人盡其才」的目標。

參考資料

第一章

1. 2022年和泰汽車TOYOTA WAY菁英研習營Accupass報名網頁。https://www.accupass.com/go/2022toyotaway
2. 台積電官方網站。https://www.tsmc.com/static/chinese/careers/index.htm
3. Erik van Vulpen (2019). 21Recruitingmetricsyoushouldtrack. AIHR, Academy to Innovate HR. Web site: https://www.aihr.com/blog/recruiting-metrics/

第二章

1. Spencer, L. M., & Spencer, P. S. M. (2008). *Competence at Work models for superior performance.* John Wiley & Sons.
2. 勞動部勞動力發展署（2013）。*《職能基準發展指引》*（頁65-68）。iCAP職能發展應用平台 http://icap.wda.gov.tw/

第三章

1. 行為事例面談法由 David C. McClelland 所發展，引自行政院勞工委員局職業訓練局（2013）。*《職能分析方法簡介》*。iCAP 職能發展應用平台 http://icap.wda.gov.tw/

第四章

1. Albert Mehrabian 的溝通法則，來源：內田和俊（2011）。練就工作耳—耳朵也要會讀心溝通的實況。天下雜誌網頁版 https://www.cw.com.tw/article/5013054

2. David R. Hawkins（2012）。*《心靈能量：藏在身體裡的大智慧》*，臺北市：方智。

3. Tony J. Hughes (2015). Workplace value is defined by these two things. Web site: https://www.linkedin.com/pulse/workplace-value-defined-two-things-tony-j-hughes/

面試時別問對方的失敗經驗！

招募面談技巧與行為事例面談法(BEI)

作者：張瑞明
撰述：藍雨楨

封面設計：莊沐平
內頁排版：莊沐平

出版：聚芳管理
網址：https://echochanghr.com
電郵：echohr@ms46.hinet.net

代理經銷：白象文化
電話：04-2220-8589
傳真：04-2220-8505

印刷：約書亞創藝有限公司
初版：2024 年 6 月

定價：320 元
ISBN：978-626-98623-0-6